NOUVELLE CROAGÉNÉSIE.

NOUVELLE CROAGÉNÉSIE,

OU

RÉFUTATION DU TRAITÉ D'OPTIQUE DE NEWTON,

PAR H.-S. LEPRINCE.

« Quand mes idées seraient mauvaises, si j'en fais naître » de bonnes à d'autres, je n'aurai pas tout-à-fait » perdu mon temps ». J.-J. ROUSSEAU.

PREMIÈRE PARTIE.

PARIS,
LEBLANC, IMPRIMEUR-LIBRAIRE,
ABBAYE SAINT-GERMAIN-DES-PRÉS.

1819.

AVANT-PROPOS.

S'il ne faut pas tenir compte de plusieurs bluettes ou solutions isolées, répandues d'ailleurs dans un cercle fort étroit, cette Réfutation hardie est le premier fruit de mes travaux. Au mot hardie, bien des lecteurs substitueront celui de téméraire; encore ceux-là seront-ils du petit nombre des plus indulgens. Sans négliger le pressentiment salutaire d'une disposition qui m'avertit de faire une juste estimation de mes forces, et de l'inégalité de la lutte à laquelle j'ose m'offrir, je ne crois pas devoir céder à la crainte pusillanime d'une mauvaise réception, quand il se présente en foule à mon esprit des raisons de douter de l'excellence du système du grand Newton. Ces raisons, sous le rapport de la nouveauté, peuvent fournir à d'autres plus habiles l'occasion d'arracher de cet arbre antique quantité de plantes parasites qui en ternissent l'éclat. Enfin, pour ma justification, et avec une modestie plus naturelle, j'emprunterai d'un illustre écrivain cette phrase que j'adopte à l'avenir pour mon épigraphe :

> « Quand mes idées seraient mauvaises, si j'en
> » fais naître de bonnes à d'autres, je n'aurai
> » pas tout-à-fait perdu mon temps ».

Au-lieu de ce premier volume, j'aurais pu offrir plus tard au public un ouvrage plus complet sur la Lumière ; mais je dois attendre, pour continuer mon travail, le jugement qu'on portera de cet essai ; n'étant connu jusqu'alors par aucune production capable de m'attirer la confiance dont j'ai besoin pour aider mes efforts des documens indispensables que je trouverais dans les bibliothèques générales, et que je ne me procure que très-difficilement, mes occupations journalières ne me permettant pas de faire mes recherches sur les lieux mêmes.

Je fournis contre moi sans doute des armes à la prévention, en lui laissant entrevoir que je n'ai pas encore lu sur la matière que je traite, et sur la Physique en général, au-moins ce qu'en ont pensé jusqu'à nous les philosophes les plus célèbres. Je suis forcé de lui laisser cet avantage, tant que les obstacles que je viens de dire n'auront pas été surmontés. Cependant les auteurs auxquels je me suis attaché de préférence sont précisément ceux qui ont joui de la plus grande réputation. J'ai donc, en quelque sorte, sous les yeux, un résumé de toutes les opinions les plus remarquables, puisque celles dont la solidité n'a pu être ébranlée par aucune objection, sont conservées dans tous les Traités de physique.

C'est une entreprise bien épineuse que de chercher à détruire des erreurs que le temps, et plus encore la réputation d'hommes illustres ont accréditées au point d'en faire autant de dogmes reconnus de tous ceux-là même qui refusent leur assentiment à ces vérités éternelles que la nécessité admet aussi bien que la raison rebelle, en même-temps qu'elle prétend les condamner! Comment oser s'élever contre un système consacré, comme le dit M. Beauzé, depuis plus d'un siècle, par les suffrages de l'Europe savante? Que suis-je? et quel adversaire j'entreprends de combattre? Sans gloire comme sans appui, seul et perdu dans une foule immense, ma faible voix sera-t-elle entendue au milieu de ces acclamations universelles qui assurent au grand Newton l'empire le plus absolu sur tout ce que les générations ont produit et produiront de génies? Mes mains téméraires flétriraient les plus belles fleurs d'une couronne que tant de grands philosophes ses émules ont eux-mêmes placée sur sa tête! Il faut plus que le désir de se faire un nom, pour inspirer une pareille confiance.

J'avoue que si quelque chose pouvait m'arrêter, ce serait moins les succès inouis de l'ouvrage, que l'amour-propre qui veille à la conservation du pompeux monument élevé à la mémoire de l'auteur. Si les partis subsistaient encore, si la querelle n'était pas terminée, l'occasion serait favorable: car toute puissance attaquée est menacée d'un plus grand nombre d'ennemis. Mais lorsque tout a plié sous sa domination, au point que tout ce qu'elle avait contre elle a été forcé de prendre les armes pour sa défense, ce n'est que dans la sécurité de son triomphe et dans l'oubli de ses rivaux qu'on peut espérer des ressources.

Que d'entraves, que de difficultés pour arriver à une réussite dont le moindre échec peut faire perdre pour long-temps l'espérance !

Vous devez avoir mille fois raison ! me dit un physicien éclairé, auquel je laissai apercevoir mon dessein de mettre au jour un nouveau système : mille échos semblent à tous momens me répéter cet avertissement redoutable. Mais l'enthousiasme * a rempli

---

* On profitera peut-être de ce moment d'abandon pour observer qu'un enthousiaste ne voit pas toujours clair : aussi ferai-je observer à mon tour qu'on peut être enthousiasmé d'une découverte faite, tandis qu'on ne saurait l'être d'une découverte à faire. Il faut ensuite que ceux qui seraient trop scrupuleux comprennent que je ne prétends pas que ce qui me paraît avoir un caractère de vérité, doive, au premier aspect, sembler tel aux autres ; mais que ce qui est réel à mes yeux doit produire sur moi le même effet que si cela l'était absolument. Enfin on jugera mieux que je ne puis le faire, si j'ai traité ma matière en enthousiaste ou non.

Cette note trouve ici sa place, parce que quelqu'un m'avait fait remarquer l'extrême décrépitude du mot enthousiasme pris dans sa meilleure acception, et en même-temps son inconvenante liaison avec le mot âme. J'ai répondu à la première objection : quant à la seconde,

mon âme! Un feu violent, tel que celui qu'on doit ressentir à l'approche de la vérité, en écarte tout ce qui voudrait l'inquiéter! Si toutefois, trompés par l'apparence, mes yeux se sont laissé éblouir par des attraits imposteurs, on me pardonnera, j'espère, en songeant que c'est avec la meilleure foi du monde et la plus grande sincérité, que je propose des idées neuves que je prends pour des vérités.

La seule excuse d'un livre, selon M. de Voltaire, est de nous donner quelque chose de nouveau et de vrai; c'est-à-dire, je pense qu'un auteur doit être intimement persuadé qu'il offre quelque chose de vrai : car, autrement, n'étant pas son juge, et la décision du public devant être indépendante, il ne serait jamais excusable de présenter un livre quelconque, puisqu'il ignore si l'opinion générale se trouvera conforme à la sienne.

---

c'est, pour ainsi dire, au sujet de toutes nos affections que j'ai transporté le sentiment des fonctions de l'organe qui les lui transmet, et que l'usage, en pareil cas, ne distingue assurément pas du premier.

Si c'est bien là le sens de cette expression, le Traité d'Optique de Newton n'avait guère que l'avantage de la nouveauté. En effet ce grand homme a montré souvent une incertitude qu'on a toujours attribuée à sa modestie *. N'était-ce que cela effectivement? N'aurait-on pas trop compté, malgré lui, sur une conviction qui ne lui parut pas à lui-même devoir exclure une foule de doutes, d'après lesquels il serait peut-être possible de prouver qu'il n'avait pas tout-à-fait tort de n'être pas entièrement satisfait de ses découvertes ? Cet empressement de tous les savans à accueillir son ouvrage est infiniment glorieux pour

---

* La modestie est une vertu si facile quand on est si haut, et que personne ne vous conteste vòtre mérite! Au reste, elle consiste moins à taire la bonne opinion qu'on a de ses œuvres que celle qu'on a de soi-même. Tout auteur croit à la certitude de ses jugemens; et quand il les propose sous l'apparence du doute, afin de ne point blesser un public susceptible, il ment grossièrement, ou bien il ne connaît pas le genre de respect qu'on doit à ce juge jaloux de ses droits : il ne s'offense, et avec raison, que quand il découvre dans notre confiance un principe d'orgueil ou de vanité.

lui ; mais sa réputation (si celle d'un Néwton pouvait recevoir la moindre atteinte) souffrirait par la suite de cet excès de confiance, si l'on avait mal saisi son intention. Par une fatalité inconcevable, et qui n'eût pas manqué d'être funeste à tout autre, il supprime un grand nombre de détails intéressans lorsque l'expérience contrarie ses raisonnemens et sa méthode.

Malgré ces oublis étranges, fréquemment répétés dans des circonstances aussi peu favorables, j'hésite encore à supposer que cette suppression fut volontaire. On aurait trop de peine à soupçonner d'une semblable infidélité un homme jugé bien au-dessus des éloges qui lui ont été prodigués, et je sens qu'une inculpation aussi odieuse ne manquerait pas d'indisposer contre moi tous ceux qui me liront. J'ai trop d'intérêt d'éviter qu'on puisse me croire susceptible d'un vice aussi bas que celui de la calomnie, pour me résoudre à avancer légèrement que Newton avait remis à la renommée le soin d'intimider la critique, et de l'empêcher de blâmer en lui des moyens si peu dignes de la droite philosophie. Ne semble-t-il pas plus naturel de regretter, avec lui, qu'il ait cédé trop promptement aux instances de quelques amis, puisque ce ne sont pas les seules irrégularités qui se rencontrent dans son ouvrage.

On a mis en question si ce n'était pas enrichir l'homme que de reconnaître de nouveaux principes et de nouvelles propriétés à la matière; et dès-lors, comme si le problême eût été résolu, on a fait un mérite au philosophe anglais d'avoir trouvé de nouvelles lois à la nature. Ne vaudrait-il pas beaucoup mieux pouvoir le féliciter d'avoir fait disparaître toutes ces lois particulières propres à chacun des nombreux systêmes dont nous sommes fournis, et restreintes à certains phénomènes généraux? Si créer de nouveaux agens, c'est procurer de nouvelles richesses aux hommes, c'est aussi, je crois, appauvrir la nature, en diminuant ses ressources et sa puissance *.

* Ce qu'il y a de surprenant, c'est que long-temps après avoir écrit cette phrase, je trouvai, dans le Traité

Tous ceux qui ont écrit sur la Physique seront toujours les premiers à en convenir, surtout lorsqu'ils se verront attaqués par quelqu'innovateur. Mais cette opinion, sur laquelle on ne paraît plus partagé que dans

---

d'Optique d'un physicien de nos jours, les mêmes expressions, avec un sens tout opposé, au sujet de l'opinion de ceux qui veulent réduire à trois le nombre des couleurs primitives que contient le spectre solaire. Voici les termes de l'auteur : « Il est possible que cette faculté » de faire beaucoup avec peu soit pour l'art une véritable » richesse ; mais c'est appauvrir la nature que de vouloir » la resserrer dans les limites de nos moyens artificiels ». En émettant une opinion diamétralement opposée, je n'imaginais pas qu'on pût si facilement déduire des mêmes principes des conséquences si contradictoires. Mais je laisse à juger, prévention à part, si la nature serait moins riche, lorsque d'un moindre fonds elle tirerait les mêmes intérêts. Il ne faut pas prendre le mot *richesse*, appliqué à la nature, dans la même signification que le vulgaire, quand il veut désigner celles qui sont l'objet de ses vœux. Dans l'idée de l'auteur, *richesse* est ici tout-à-fait synonyme de profusion, et ce dernier, en pareille circonstance, l'est presque de confusion. Toutefois c'est une discussion facile à terminer, puisque l'art, qui ne fait que mettre en œuvre les moyens que la nature lui fournit, fait consister son plus haut degré de perfection à imiter le moins grossièrement possible ce que la nature a fait avant lui.

la pratique, n'est plus depuis long-temps qu'un lieu commun, qui ne préservera qu'un très-petit nombre de la maladie de multiplier les élémens, tant que les arts partageront avec les sciences une souveraineté qui n'appartient qu'aux dernières : ce qui pourra paraître un paradoxe à ceux qui ne se seront pas aperçu que ce n'est que depuis que nos instrumens augmentent en nombre et se perfectionnent, que nous sommes devenus si prodigues de causes. La manipulation occupe presque seule le génie de nos philosophes; et pour suppléer aux avantages que la réflexion aurait pu nous faire acquérir, on érige en principes tous les effets dont le mécanisme de nos expériences ne nous rend pas raison*. Qu'arrive-

* Quand je faisais ces réflexions, je ne connaissais pas encore les services nombreux et inappréciables qu'avait rendus à la physique un de nos savans les plus connus, soit en perfectionnant, soit en inventant des instrumens d'une importante utilité. Je dois à la vénération qu'un personnage si recommandable m'inspire d'anéantir à sa naissance toute interprétation préventive. Je ne crois pas, comme quelques-uns l'ont pensé, que les instrumens donnent plus de précision aux effets naturels qu'ils nous

t-il de cette tendance à tout régénérer sur de nouvelles bases? les anciennes lois confondues avec les nouvelles ne sont pas mieux observées que celles-ci, lorsque les difficultés qui se présentent paraissent autoriser de nouveaux changemens. Combien de physiciens ne méritent-ils pas ce reproche? A l'égard de ceux du temps

---

servent à expliquer. La nature est dans tout ce qu'elle fait d'une précision qu'il serait étrange de mettre en doute. D'après cette idée, je considère nos expériences, non pas comme des représentations fidèles, mais comme des variétés des principaux phénomènes; et dès-lors, sans contestation, ils sont une véritable richesse, puisqu'ils multiplient les faits, détaillent, en quelque sorte, des circonstances ou qui ne se trouveraient pas, ou qui seraient restées cachées dans l'ensemble des faits qui sont la base de nos recherches. Mais par une précipitation dont la source est dans notre indolence, ces mêmes détails, qui devraient nous fournir une nouvelle instruction, ne font que nous entraîner plus avant dans les sentiers de l'erreur : ils nous précipitent dans l'oubli des lois dont l'examen nous conduirait plus sûrement, et ferait rentrer dans la classe des conséquences les plus simples une foule de particularités. Faute d'oser les envisager comme des infractions au système général, elles servent à orner de figures grotesques les tableaux des plus grands maîtres.

passé, s'ils ne l'ont pas autant encouru, c'est que, privés des secours et des appareils dont nous avons abusé, ils furent obligés de se livrer en entier à la méditation.

Cependant ne serait-on pas fondé à croire que les productions modernes ont acquis plus de certitude, par l'usage établi depuis un siècle de traiter géométriquement toutes les propositions d'un systême? C'est-à-dire qu'au produit souvent chimérique de l'imagination, si l'on peut adapter quelque démonstration géométrique, on en a prouvé l'évidence! On n'est pas revenu, et on reviendra difficilement sur l'effet merveilleux de ce mot emphatique, *géométriquement* ou *mathématiquement*. Ceux qui ne sont pas en état de s'élever contre tout ce que paraît avoir confirmé la science exacte, la science par excellence, et c'est le plus grand nombre, croient sur quelques probabilités, parce qu'ils ne voient point, et qu'ils sont persuadés que la vérité est toujours renfermée dans ce qui est au-dessus de leur intelligence : accoutumés à considérer ces démonstrations mathématiques comme le voile qui la leur cache, ils s'en rapportent à ceux qui peuvent soulever ce voile; et ceux-ci, qui, pour la plupart, ne s'attachent qu'à reconnaître l'exactitude des calculs, sont, pour la multitude, des autorités au nom desquelles elle sacrifie bien souvent la raison.

Je ne veux parler ici que de la partie analytique de cette science : puisque la partie purement géométrique marche de front avec le raisonnement; l'autre, au contraire, le transporte à la conclusion, sans le faire passer par tous les degrés intermédiaires. Il y a dans cette manière de procéder un motif de défiance pour le moins plausible, c'est que cet instrument si expéditif pourrait être appliqué à faux, ou seulement à une base trop étroite. Les yeux entièrement fixés sur lui jugent du succès de l'opération par le terme de ses mouvemens. On voit la fin dans les moyens, ce qui sans doute est d'une grande conséquence. Cette réflexion, qui trouvera son application dans la suite de cet ouvrage, me conduit tout naturellement à une autre, qu'on regardera comme une espèce de blasphème : la méthode analytique appliquée à la physique a produit plus de mal qu'elle n'a fait de bien, par la certitude qu'on lui suppose. En effet, c'est le rempart, le phylactérion, le talisman le plus redoutable ; il protège les erreurs et les vérités avec une égale puissance : les unes et les autres en reçoivent le même degré d'inviolabilité ; et elles passent pour être inattaquables, non pas précisément parce que leur solidité est mise en évidence, mais parce qu'il leur prête son secours. La Physique, je ne crains pas de l'affirmer, n'en a, pour ainsi dire, aucun besoin. Les succès de ceux qui l'ont traitée par le raisonnement le prouvent. Ceux qui, suivant la même route, n'ont pas aussi bien réussi, sont au-moins sans danger pour la science, et les faux jugemens ne sont pas long-temps à craindre en pareil cas. C'est ce qu'on ne peut pas dire de la méthode analytique, puisque c'est un levier qui, quoique dans les mains d'un petit nombre, peut être employé par toute espèce de mains ; et comme la faculté de s'en servir facilement ne me semble avoir aucune liaison nécessaire avec le jugement le plus juste, et qu'on ne peut pas prouver que le talent de raisonner soit un don de la culture de la partie analytique, l'habileté de celui qui l'emploie peut bien être un garant de l'exactitude des opérations, mais n'établit aucunement leur connexion avec les propositions qui en sont l'objet.

Autant que mon obscurité me l'a pu permettre, j'ai sondé l'opinion sur mon projet; je l'ai trouvée, comme je m'y attendais, prémunie de toutes les puissances de la prévention. On ne peut imaginer qu'un système regardé à l'unanimité comme un chef-d'œuvre, ne soit plus qu'un recueil d'erreurs; et comment tant de grands philosophes, qui certainement avaient le plus grand intérêt à s'opposer au succès d'un ouvrage si contraire à la vérité, ont été les premiers à lui donner leur approbation. A bien considérer, c'est de ce petit nombre dont on devrait tenir compte: ils étaient maîtres des suffrages des peuples; et ce qu'on entend par un consentement unanime, en cette occasion surtout, n'est, à proprement parler, que l'opinion de quelques hommes capables de déchiffrer Newton. Ceux qui ne lui furent pas favorables d'abord, avaient eux-mêmes à proposer de nouvelles hypothèses, qui ne tinrent pas contre celles de l'auteur du Calcul des Infinis, parce qu'elles réunissaient moins de faits, ou, peut-être, parce qu'exposées dans un langage plus familier, la raison seule usa de ses droits, et qu'il fallut moins de temps et de travail pour les discuter. Ainsi tous ces systêmes tombaient, lorsque celui de Newton subsistait encore. En outre, l'homme ne peut demeurer dans l'incertitude; il veut et doit adopter un systême*. Pour le faire renoncer à celui

* J'ai vu des gens qui ne sont pas de cet avis, et qui pensent qu'on peut demeurer indécis sur certains points. En tous cas, ce ne pourrait être que pour des choses indifférentes; et je ne connais de choses indifférentes que celles dont on ne s'occupe pas actuellement : ce qui ne me paraît pas avoir besoin d'être éclairci davantage. Il est à présumer que les personnes dont je parle ne sont pas les seules; et

qu'il a choisi, il ne suffit pas de lui en faire apercevoir les erreurs, il faut lui en indiquer un plus solide. Cette condition si contraire au progrès des lumières ne fait bien souvent que fermer la bouche au plus grand nombre, et multiplier les hypothèses.

Nous avons vu des opinions erronées long-temps adoptées, céder enfin la place à d'autres plus vraies ou plus vraisemblables. Chaque siècle a reconnu des erreurs du siècle précédent. Mais aussi chaque siècle, par un amour-propre mal dirigé, ne peut se résoudre que très-difficilement à croire qu'il n'avait embrassé qu'une ombre. Cependant pourquoi tant de répugnance à renoncer à des idées qui, dans le fond, ne sont pas les nôtres? A cause de notre éloignement pour la réflexion et le travail, nous croyons

---

il faut même que leur nombre soit bien considérable, puisque avoir une manière de penser conséquente et distincte, est une espèce de ridicule, et qu'on ne dit de quelqu'un : C'est un homme à système, que pour lui dire une injure. Cette subversion qui transforme en travers une qualité susceptible des plus heureux développemens, n'est sans doute, aux yeux des bons esprits, qu'une déférence à la multitude.

qu'on n'a fait qu'exprimer avant nous ce que nous pensions nous-mêmes; parce qu'il est plus aisé de juger que de produire, et de s'identifier, en quelque sorte, avec la manière de voir d'autrui, que d'en avoir une à soi; d'autant plus qu'il faut, en pareil cas, s'attendre à éprouver continuellement des contrariétés et des dégoûts, à se voir tourner en ridicule pour ne pas penser comme le plus grand nombre, qui, rarement, pense par lui-même.

C'est néanmoins le moindre mal, quand nous croyons ne tenir de personne les erreurs que nous admettons; parce que nous exposons volontairement notre amour-propre en les offrant, et qu'étant seuls pour les soutenir, nous ne craignons rien tant que de le voir souvent compromis pour la même cause. Mais si nous les recevons d'autres mains, nous sommes bien plus choqués de les voir combattues. Alors notre amour-propre est attaqué comme par surprise. Cette agression nous révolte d'autant plus, que devant nécessairement porter un jugement quelconque sur tout ce qui vient à notre connaissance, et ne renonçant jamais volontairement à ce droit naturel, nous aimons mieux encore passer pour avoir mal jugé, que de n'avoir pas jugé du tout, ce qui suppose une nonchalance, une servilité d'esprit dont nous ne voulons pas qu'on nous croye capables. Tout ce qui se rattache aux principes physiques de notre être est dans un continuel esclavage; mais l'âme veut et doit être libre, et ce n'est pas la matière qui pense *. Le défaut qu'ont

* Tout le monde croit pourtant qu'il y a des personnes qui ne sont pas de cet avis. Mais au fond, tout le monde s'abuse, aussi-bien que ceux qui sont l'objet de cette opinion. Ces derniers ne conçoivent pas mieux que d'autres comment la matière pourrait être le principe de toutes ces opérations de l'âme, qui décèlent si bien son unité, sa simplicité, et n'ont pas la moindre analogie avec les propriétés que nous connaissons à l'être étendu. Aussi je n'hésite pas à affirmer qu'ils n'ont jamais bien approfondi un doute qu'un chagrin orgueilleux leur suggéré. Tel est le sort de toutes ces propositions extraordinaires. Dépourvues de preuves et de raisons solides, elles ne sont établies que sur des irrésolutions, et ne subsistent que parce qu'on ne sait pas les mettre un instant à la place des vérités qu'elles attaquent. Au-lieu d'être discutées sérieusement, elles ne servent que de prétexte pour argumenter contre l'opinion contraire. Dans la question

tous les hommes de ne pas se servir de cette seule véritable liberté, produit deux abus

---

dont il s'agit ici, par exemple, ceux qui croient à l'immatérialité de l'âme, s'épuisent en preuves que leurs adversaires, en eux-mêmes, reconnaissent par sentiment, comme superflues, mais qu'ils prétendent ne pas recevoir, parce qu'elles ne les mèneront jamais au but de leur désir. Ce ne sont pas toutes les facultés de l'âme qu'ils contestent; ce n'est pas même cette vérité qu'elles ne peuvent appartenir qu'à un être simple; ce n'est que son existence qu'ils ne comprennent pas, et qu'ils ne sauraient (point à-la-fois étrange et désolant) vérifier à l'aide d'aucun des sens dont les organes ne sont appropriés extérieurement qu'aux impressions des objets matériels. Il faut changer de tactique dans une guerre où l'attaquant ne doit sa contenance qu'à la résolution d'un ennemi qui se tient sur la défensive. Obligez-les donc à leur tour d'expliquer, prouver, baser ou analyser leur croyance; ils n'oseront débiter toutes les absurdités qui résultent de leur systême; ils seront étonnés eux-mêmes des difficultés qui s'y rencontrent; je n'en excepte pas le baron d'Holbach, s'il vivait; ils commenceront à s'apercevoir qu'ils n'ont traité cette matière si superficiellement, que parce qu'on ne les combattait pas. La raison d'alors était de crier au scandale, à l'impiété. On les dévouait à la vengeance divine, comme si Dieu pouvait s'offenser de ce qu'un homme ne voit pas juste. Quant à eux, cette manière de leur répondre ne leur déplaisait pas : car elle ne laisse pas d'avoir son attrait pour celui qui veut passer pour esprit fort. Mais ils cesseront de l'être quand on leur proposera l'embarrassant *pourquoi* ?

très-nuisibles aux sciences : le premier est d'inspirer à la multitude, trop difficile à contenter, en cela même qu'elle n'use pas de son droit, le mauvais goût du merveilleux, et par conséquent à ceux qui veulent lui plaire, les idées gigantesques. Les uns et les autres croient alors faire usage de cette liberté d'âme : ceux-ci, en s'écartant de la route commune ; ceux-là en disposant de la réputation des premiers. L'autre abus est de faire naître la prévention, et de la rendre opiniâtre en y intéressant l'amour-propre.

Ne doit-on pas en vérité s'élever de tout son pouvoir contre ces deux ennemis déclarés de la raison, qui étouffent à chaque instant sa voix, et l'obligent à se taire sur des absurdités stériles et révoltantes dont les sciences naturelles fourmillent, et qu'il est très-facile de reconnaître, seulement au caractère de nullité dont elles portent l'empreinte. Encore seraient-elles pardonnables, si souvent elles n'étaient dues à cette manie de chercher une supériorité dans la solution de problêmes fantastiques, tels que la quadrature du cercle, le mouvement perpétuel, etc., etc. Le vain espoir de trouver le premier, par exemple, a donné lieu sans doute à cette assertion étrange, que la circonférence est composée d'une infinité de petites lignes droites : ce qui est contraire à cet axiôme, que tous les points de la circonférence sont également éloignés du centre. Quelque petites qu'on suppose ces lignes droites, ne fussent-elles que de trois points mathématiques, le point du milieu sera toujours moins éloigné du centre, comme dans un polygone régulier le milieu d'un côté est toujours plus près du centre que les angles formés aux extrêmités de ce côté. D'ailleurs, tout rayon est perpendiculaire à la circonférence, puisqu'à l'extrémité d'un rayon on peut mener une tangente qui lui est perpendiculaire, et qu'on n'en peut mener qu'une. Qu'on imagine donc deux rayons menés à la circonférence, aussi près l'un de l'autre que le pourraient être deux points mathématiques, la tangente de l'un ne sera pas celle de l'autre, puisque chacun est perpendiculaire à sa tangente, et qu'il ne peut y avoir deux perpendiculaires abaissées d'un même point sur une même ligne droite. Il ne se trouve donc pas même deux points mathématiques en ligne droite sur la circonférence. Elle n'est donc pas composée, comme on l'a voulu dire, d'une infinité de petites lignes droites. D'où l'on peut encore conclure que la quadrature du cercle est une chimère, puisqu'on doit prendre, afin d'estimer le rapport du rayon à la circonférence, un point mathématique pour terme de comparaison. Ceux qui croiront que le rapport considérablement rapproché qui existe ne suffit pas pour l'exactitude dont on a besoin dans les arts, doivent d'abord commencer par déterminer d'une manière invariable cette unité de mesure.

Je suis loin de vouloir ranger parmi ces frivolités la théorie des couleurs que j'ose attaquer, et qui dans tous les temps attestera le génie du grand Newton, lors même que mon opinion serait jugée de quelque importance. Cependant, à l'examiner sans partialité, nous ne pouvons disconvenir que tout ce qu'il en a résulté pour nous, fut de croire que l'intention de la nature n'avait été que de charmer nos yeux par une variété purement passive. Mais combien on a été loin de reconnaître sa sagesse! Et que son but est bien plus essentiel! Avec quelle activité ne verra-t-on pas s'étendre le domaine des sciences et des arts les plus utiles à l'homme, tant pour sa conservation que pour son agrément, quand on pourra reconnaître dans les couleurs des corps des signes certains, des symptômes de propriétés dont la connaissance nous est indispensable. Ce n'est que lorsqu'il sera question de la couleur naturelle des corps que cette vérité se trouvera suffisamment démontrée. Ce que j'offre ici ne contient encore qu'une réfutation des sept prétendus rayons colorés compris dans un seul rayon solaire.

Cette grande excuse, fondée sur l'utilité qui doit résulter d'un nouveau système, fut tant de fois empruntée mal-à-propos, qu'il est impossible qu'on ne relève pas d'avance cette promesse des grands avantages qu'on pourra retirer de celui que je propose. Je n'ai rien à répondre tant que je n'aurai pas fait connaître le résultat de mes méditations, dont je n'offre toutefois d'autre garantie qu'une conviction personnelle, mais entière, et l'espérance que mes raisonnemens paraîtront à ceux qui me liront, aussi naturels qu'à moi-même, en ce qu'ils ne sont fondés sur aucune supposition, mais sur des propositions trop faciles à connaître pour qu'on puisse refuser de les admettre.

Ce que j'ai entrepris de mettre sous les yeux du public, est une réfutation, non pas partielle, mais totale du *Traité d'Optique* de Newton, c'est-à-dire de sa Théorie des Couleurs ou seconde partie de la Dioptrique. L'ordre que je m'étais d'abord proposé de suivre était le même que celui de la traduction de M. Beauzée. J'avais examiné toutes les propositions avec les expériences qu'elles renferment, à-peu-près comme elles se présentent dans l'ouvrage. Mais cette disposition ne m'a pas paru la plus naturelle, même dans le Traité de l'auteur anglais : c'est ce dont il est facile de se convaincre dès les premières pages. En effet, la première proposition ne serait pas à sa place, quand tout le systême serait vrai, d'autant plus que sa solution suppose des notions qu'on n'a pas encore.

Je ne rechercherai pas les motifs qui ont pu engager Newton, que je n'accuse pas d'avoir manqué de discernement, à commencer sa Théorie des Couleurs par des expériences qui ne doivent être exposées que lorsqu'on a déjà en grande partie l'intelligence de la formation des couleurs prismatiques. La vénération que commande un si grand nom me défend d'en imaginer de condamnables, quoique cette proposition ainsi placée à la tête du Traité, ait besoin d'être lue, sans possibilité de commentaire, par des yeux inaccoutumés. Nous rejetons bien loin de nous cette idée, qu'il puisse être possible qu'un génie capable des plus belles découvertes ait abusé de sa supériorité jusqu'à soutenir des erreurs par des surprises.

C'est très-sincèrement que j'ai sur ce grand homme une opinion qui ne serait peut-être pas aussi bien justifiée à l'égard d'un auteur moins célèbre. Ma propre expérience m'a démontré souvent la vérité de cette pensée, devenue presque triviale par le fréquent usage : qu'on voit assez volontiers ce que l'on veut voir ; et l'étude des sciences naturelles exige contre ce penchant une surveillance à-peu-près continuelle. Les difficultés se perdent insensiblement sous des dehors plus favorables. Les points qui nous agréent le plus sont ceux qui frappent le plus vivement notre esprit ; ils s'en emparent, et détournent son attention des questions embarrassantes qu'il se contente alors de regarder comme suspendues, et non pas comme insolubles. Quant à la précaution de les classer de la manière la moins gênante, et même quelquefois de les omettre, elle paraît également si naturelle, qu'on me blâmerait peut-être de refuser à un auteur le droit de disposer son travail sous le jour le plus avantageux. J'avoue que l'habitude de ne point peser la réputation d'un homme avec ses opinions m'avait, dans le principe, fait concevoir des soupçons à cet égard; mais cette disposition, si nécessaire pour laisser au jugement toute sa liberté, doit avoir néanmoins ses limites. Je proteste donc d'avance contre toute sortie qui serait échappée à ma recherche.

J'ai dit que j'attaquais tout le système entier. Cela doit être, puisque je me déclare pour l'inverse de la proposition qui lui sert de base, et qui se trouve exprimée dans ce théorême :

« La lumière du soleil est composée de » rayons différemment réfrangibles ».

Avant qu'on eût risqué cette hypothèse, les philosophes s'en étaient tenus sagement à cette assertion plus circonspecte et plus juste, que toutes les couleurs sont contenues dans la lumière. Ce secret, arraché à la nature, promettait des découvertes aussi belles qu'utiles. Cependant, des deux hommes les plus capables de les faire naître, l'un, abandonné à la fougue d'une imagination qu'il ne sut jamais réprimer, ne nous laissa que de brillantes chimères; l'autre, penseur plus profond, mais qui craignit trop peut-être de se livrer à ce même feu dont l'excès égara le célèbre Descartes, se pressa un peu, je crois, de transmettre une idée que quelques expériences trompeuses ont assurément rendue vraisemblable, mais qui, selon moi, n'a dû tous ses succès qu'au défaut d'observations essentielles.

Une circonstance qui semblerait devoir favoriser les progrès des sciences naturelles, la rivalité de quelques hommes de génie, produit quelquefois un effet tout contraire. Ce qui tourmente chacun d'eux, c'est moins la crainte salutaire d'un adversaire dangereux, que le désir d'avoir une opinion à soi; et comme elle est toujours fondée sur quelques apparences, il est rare qu'on ne puisse, d'une manière quelconque, l'adapter à la généralité des faits. Il arrive, et c'est assez l'ordinaire, qu'on se trouve arrêté en chemin par quelqu'obstacle de difficile accès; mais peut-on renoncer aux fruits d'une entreprise qui nous a déjà coûté beaucoup, et s'exposer à passer pour manquer de persévérance aux yeux mêmes de qui l'on n'en exige pas! Si l'on pouvait voir à découvert tous les sentimens de celui qui met au jour un ouvrage, il est vraisemblable qu'on y trouverait souvent cette fausse honte au premier rang. Elle est blâmable sans doute, mais beaucoup moins dans l'individu qui s'y laisse aller que dans le préjugé qui lui donne naissance, et tire contre le premier, d'une manière quelconque, parti de la raison qui le fait renoncer à ses espérances. Combien n'avons-nous pas de défauts que nous ne devons qu'aux travers des autres! Aussi tout homme qui veut s'en préserver, doit, avant tout, étudier la nature du respect qu'il doit au public. Le culte que la saine raison lui accorde, est celui que les sages de l'antiquité voulaient paraître rendre aux idôles, qu'ils ne regardaient que comme le simulacre d'une bonne chose, et le commémoratif d'un principe qui devrait être, si toutefois il n'était pas.

Si Newton ne s'est point arrêté à ces réflexions, j'explique aisément comment, avec les doutes qui parurent l'inquiéter, comment, avec un grand nombre de suppositions, pour le moins vagues et incertaines, qui semblaient infirmer les conséquences qu'il tire de son hypothèse, il n'a pas examiné davantage cette dernière; mais je ne suis pas le maître de taire mon étonnement, quand je vois ses disciples émettre, pour la soutenir, les propositions les plus étranges. J'en veux citer deux exemples:

« Quand nous regardons un corps noir, » ce n'est pas lui que nous voyons, ce sont » les surfaces qui l'environnent, et qui lui » servent comme de champ : la lumière » qu'elles envoient fait impression sur tout » le fond de l'œil, excepté l'endroit auquel » répond l'objet que nous avons en vue : » ainsi nous ne les distinguons que par » les défauts de sensation qu'elles occa» sionnent ». (NOLLET, *Phys. Exp.*, XVII.e Leçon, t. V *.)

---

* M. Locke va plus loin (*Entendement humain*); il prétend qu'on voit les ténèbres. Mais voir les ténèbres, c'est ne rien voir. M. Locke parle ici plutôt en métaphysicien qu'en physicien, et il semble qu'il considère plutôt cette prétendue vision par rapport à la génération des idées, que par rapport à celle des sensations. Il est de

C'est, dit-on, en y réfléchissant bien, qu'on pourra se convaincre de cette vérité! C'est-à-dire que le corps forme sur ma rétine une espèce de silhouette, et que tous les corps noirs qui auront le même profil, mais qui cependant auront d'autres formes particulières, me feront éprouver absolument la même sensation! Sans parler de ce pouvoir inconnu qui agit à distance sur les rayons pour les réfléchir, et dont cette opinion prive tous les corps noirs, je sens, malgré toutes mes réflexions, que si je place

---

fait que cette vision négative fait naître une idée; mais ce n'est qu'en raison de la différence qui existe entre voir et ne pas voir. Au reste, l'exemple cité pour appuyer ce sentiment, est d'autant plus singulier, qu'il est pris dans le cas de la vision des objets éclairés. M. Locke suppose qu'on peut voir et représenter la figure d'un trou parfaitement obscur. Il ne fait pas attention que les limites du trou ne sont pas dans l'obscurité parfaite, et n'appartiennent pas par conséquent à la figure de cette obscurité. Il est difficile de persuader en physique, et même en métaphysique, où les êtres immatériels prennent quelquefois des corps, qu'on voit un objet dont on ne voit aucune limite.

un corps noir sur un fond noir, je distingue aisément le premier du second, quoique celui-ci, qui lui sert comme de champ, ne soit pas censé me renvoyer de lumière. S'ils ont l'un ou l'autre des traits en relief ou en taille, je distingue tout cela. Si le fond est nuancé, je m'en aperçois encore; et ce qu'il y a de bien certain, c'est que je distingue beaucoup mieux les irrégularités d'un pareil corps, dans le jour, que celles des corps les plus blancs qu'il soit possible, pendant la nuit. J'espère prouver par la suite que ce n'est point par une absence de lumière que nous voyons les corps noirs, puisqu'on peut voir toutes les couleurs prismatiques dans la lumière qu'ils réfléchissent : ce qui est contraire en même-temps à cette autre propriété imaginaire attribuée aux molécules des corps, par laquelle ceux-ci réfléchissent telle ou telle espèce de rayons, et absorbent toutes les autres.

Ce qui prouve, selon le même auteur, que les couleurs et leurs nuances n'appartiennent pas aux corps qui nous les font sentir, c'est que nous ne pouvons juger qu'un corps que nous voyons pendant le jour, a telle ou telle couleur que lorsqu'il est éclairé; et que pendant la nuit tout est noir, rien n'est coloré.

Pourquoi ne dirait-on pas aussi que les corps que nous voyons pendant le jour, et que nous ne voyons plus pendant la nuit, n'existent pas : ce serait à-peu-près le même raisonnement. Un aveugle qui toucherait un corps, d'abord avec un bâton qui ne ploierait pas, ensuite, sans s'en douter, avec une baguette extrêmement flexible, devrait-il en porter le même jugement ? Si nous distinguons encore quelque objet pendant la nuit, pense-t-on que ce soit sans le secours d'aucune lumière ? Si tel corps est destiné à nous réfléchir telle ou telle espèce de lumière colorée ou colorifique, comme on voudra, selon les Newtoniens, cette lumière, si faible qu'elle puisse être, dût-elle être hétérogène, doit nécessairement produire sur l'organe de la vue un effet quelconque, qui ne sera pas le noir, parce qu'il n'y a pas de rayons de cette couleur.

Si nous sommes privés de toute lumière possible, nous ne voyons plus rien, nous sommes dans la plus profonde obscurité, et alors, sans contredit, tout est noir. Mais d'une obscurité absolue à la clarté vive d'un de nos jours, il y a, certainement bien des degrés. Comme aussi du blanc au noir absolu, s'il m'est permis de m'exprimer ainsi, il existe une infinité de nuances. Or, la lumière dissipant insensiblement les ténèbres, lorsque les objets commencent en quelque sorte à saillir, et que nous n'en apercevons encore à-peine que la forme, première chose qui nous frappe dans un corps, ils ne nous paraissent noirs, que parce qu'ils ne nous réfléchissent qu'une très-faible lumière. D'ailleurs, puisqu'on prétend que nous ne voyons pas les corps noirs, et qu'il n'y a qu'une sensation négative qui nous avertisse de leur présence, lorsque, pendant la nuit, nous voyons noirs des corps qui ne le sont pas, nous ne voyons donc rien de ce qui est propre à ces objets : ce n'est donc pas une preuve que les couleurs et leurs nuances n'appartiennent pas aux corps qui nous les font sentir *.

Les disciples d'Aristote ou ceux d'Epicure auraient bien été d'avis qu'on pouvait se passer de lumière pour avoir la perception des objets, au moyen de ces petites images que les corps envoyaient de leur temps, et qui frappaient continuellement les organes. Mais j'ai peine à croire qu'il y

---

* Je sais bien que toutes ces hypothèses auxquelles se rattachent ces sortes d'explications, sont susceptibles au besoin de nombreux tempéramens; aussi l'on me trouvera fort minutieux, tant à leur égard qu'à l'occasion de beaucoup d'autres conditions avec lesquelles composent sans scrupule un grand nombre de physiciens. Mais si je n'éprouve pas les mêmes besoins, si je trouve moyen de plier mes idées aux principes, et non pas les principes à mes idées, je pense que c'est un avantage qu'on me pardonnera de faire valoir, surtout lorsqu'on se souviendra que ce qu'on accorde aux gens leur devient un titre pour obtenir davantage.

ait encore beaucoup d'Epicuriens ou de Péripatéticiens sur ce point.

Mon but est donc de prouver que la lumière n'est pas hétérogène; qu'un seul rayon n'est pas, comme on l'a cru jusqu'ici depuis Newton, la réunion de sept autres rayons, dont chacun possède la propriété exclusive d'exciter en nous telle ou telle sensation, soit de rouge, soit de violet, etc.; que tous les rayons se réfractent de la même manière, proportionnément à leur incidence; et que tous les phénomènes des couleurs accidentelles ou naturelles s'expliquent beaucoup mieux par une lumière simple, homogène ou similaire. J'appelle couleurs accidentelles, celles produites instantanément par la lumière solaire : telles sont les couleurs du prisme. Les preuves que je me propose d'en donner, serviront peut-être à faire renoncer à certains paradoxes pour lesquels la raison s'est sacrifiée à l'autorité, et à mettre la première en garde contre les surprises de l'autre.

Je crois devoir faire, pour l'acquit de ma

conscience, une espèce d'adresse aux savans du siècle qui auraient traité le même sujet dans l'opinion newtonienne. Il est impossible qu'en suivant une route qui n'est pas la leur, et qu'en partant d'une base toute différente, je ne me sois pas trouvé fréquemment en opposition avec eux. Je proteste donc, qu'à l'exception d'un seul que je citerai suffisamment pour qu'il soit reconnu, j'ai constamment évité, avec un scrupule qui pourra peut-être paraître singulier, de rien voir de ce qu'ils ont écrit à cet égard. Ils ne pourraient, en conséquence, trouver ici aucune personnalité, aucune attaque directe ni indirecte, genre de polémique absolument étranger à mon caractère, et bien éloigné de l'esprit de vénération dont j'ai toujours été pénétré pour les hommes de génie qui cultivent actuellement les sciences avec des succès honorés d'une estime bien légitimement acquise. Parmi ceux qui sont mes juges naturels, s'il en existe pour qui la vérité sortie de ma plume serait une vérité pénible, quelle que soit leur décision, j'espère qu'ils me rendront assez de justice pour croire que, s'ils prennent la peine de m'éclairer, mes sentimens à leur égard n'auront jamais rien de commun avec mon intérêt et ma raison combattus.

RÉFUTATION

DU TRAITÉ D'OPTIQUE

DE NEWTON.

PREMIÈRE PARTIE.

TOUT le monde a entendu parler de Newton ; mais presque tout le monde le connaît seulement de réputation ; peu de personnes en ont vu les ouvrages. Je dois donc au plus grand nombre l'exposé des définitions et des axiômes qui servent de base et d'introduction à son *Traité d'Optique*, et qu'il regarde lui-même comme nécessaire à l'intelligence de ce célèbre ouvrage.

DÉFINITIONS.

I.re Définition. — Je nomme rayons les moindres parties de la lumière, tant celles qui sont successives dans les mêmes lignes, que celles qui sont simultanées dans des lignes différentes.

II.e Définition. — La réfrangibilité des rayons

de lumière est leur disposition à être détournés de leurs directions en passant d'un milieu dans un autre; et leur plus ou moins grande réfrangibilité est leur disposition à être plus ou moins détournés de leurs directions à égales incidences sur le même milieu.

III.e Définition. — La réflexibilité des rayons est leur disposition à être renvoyés du milieu sur lequel ils tombent, dans le milieu d'où ils sont partis; et les rayons sont plus ou moins réflexibles, suivant qu'ils sont renvoyés avec plus ou moins de facilité.

IV.e Définition. — L'angle d'incidence est l'angle que forment au point d'incidence la ligne droite, décrite par le rayon incident, et la perpendiculaire à la surface réfléchissante ou réfringente.

V.e Définition. — L'angle de réflexion ou de réfraction est l'angle que forment, au point d'incidence, la ligne décrite par le rayon réfléchi ou réfracté, et la perpendiculaire à la surface réfléchissante ou réfringente.

VI.e Définition. — Les sinus d'incidence, de réflexion et de réfraction, sont les sinus des angles d'incidence, de réflexion et de réfraction.

VII.e Définition. — Je nomme lumière simple, homogène ou similaire, celle dont les rayons sont également réfrangibles; lumière composée, hétérogène ou dissimilaire, celle dont les rayons sont plus réfrangibles les uns que les autres.

VIII.e Définition. — J'appelle simples et primitives les couleurs des rayons homogènes, et je nomme composées les couleurs des rayons hétérogènes.

AXIOMES.

I.er Axiôme. — Les angles d'incidence, de réflexion et de réfraction sont dans un seul et même plan.

II.e Axiôme. — L'angle de réflexion est égal à l'angle d'incidence.

III.e Axiôme. — Si un rayon passe dans un milieu plus dense, il se réfracte en s'approchant de la perpendiculaire, de sorte que l'angle de réfraction est plus petit que l'angle d'incidence.

IV.e Axiôme. = Si un rayon rompu est renvoyé directement au point d'incidence, il sera rompu dans la ligne décrite par le rayon incident.

V.e Axiôme. — Le sinus d'incidence est au sinus de réfraction en raison donnée exactement ou à très-peu près... Voilà pourquoi cette proportion une fois connue dans une inclinaison particulière du rayon incident, peut l'être dans toutes les autres.

Je supprime les trois derniers axiômes qui n'ont aucun rapport actuel avec la théorie des couleurs.

J'aurai peut-être l'occasion de rappeler l'attention du lecteur sur ces propositions fondamentales dont l'auteur ne devait jamais s'écarter, et qu'il a cependant quelquefois perdues de vue. Outre l'espoir d'en obtenir des avantages lorsqu'il les aura négligées, en le combattant ainsi avec ses propres armes, j'essaierai d'en rendre les effets moins dangereux dans ses mains, et de lui arracher une partie des secours qu'il en pourrait tirer, en affaiblissant, s'il est possible, celle sur laquelle il compte le plus, parce qu'il ne la doit qu'à lui.

Si l'on compare la deuxième définition avec le cinquième axiôme, on s'apercevra que, malgré toute leur analogie, il est absolument impossible de les concilier. En effet, s'il est vrai que le sinus d'incidence soit au sinus de réfraction en raison donnée, comment des rayons qui ont une même incidence, mais dont la refraction est différente, s'accommoderont-ils avec le principe ? Ainsi lorsque les Newtoniens prétendent que tout rayon solaire est la réunion de sept autres rayons différemment réfrangibles, pensent-ils de bonne-foi que le commun sinus d'incidence soit à chaque sinus particulier dans un même rapport *, et que, par exemple, cette raison donnée étant 4, 3 pour les rayons qui passent de l'air dans l'eau, le sinus d'incidence commun 4 soit à un sinus quelconque de

* Non, ils ne le croient pas, je le sais; mais en pareil cas, je ne dois pas anticiper plus que l'auteur, qui se réserve le droit de renverser en partie, ou du-moins modifier le cinquième axiôme.

réfraction, plus grand ou plus petit que 3, dans ce même rapport 4, 3. Ce rapport, s'il est vrai pour un seul rayon, le serait-il en même-temps pour tous les sept, lorsqu'ils ont chacun leur réfraction distincte. Que dis-je sept! une infinité de rayons propres exclusivement à toutes les nuances, sont également contenus dans le même rayon solaire, et tous, selon les Newtoniens, ont leurs réfractions particulières, comme on le verra par la suite. On conviendra que la règle exprimée par le cinquième axiôme ressemblerait fort à une exception, puisqu'elle ne serait applicable qu'à un seul de cette multitude infinie de rayons; et nous serions en droit de douter de la certitude d'un rapport qui n'aurait qu'une garantie assez arbitraire. Pour s'assurer d'un fait de cette nature, le moyen qu'on a pu employer devait être purement mécanique; c'est-à-dire que le brisement de la lumière à son passage d'un milieu dans un autre, ne pouvait être soumis pour la première fois au calcul, mais seulement mesuré avec des instrumens qui supposent bien des inconvéniens, et dont on ne devait pas se promettre une précision mathématique, dans le cas où l'on aurait pris pour terme de comparaison les rayons de moyenne réfrangibilité, selon que Newton voudrait l'insinuer. Il faut donc renoncer à cet axiôme, que les sinus d'incidence et de réfraction sont entr'eux en raison donnée, ou à cette hypothèse, que des rayons peuvent, à une même incidence, sur un même milieu, avoir des réfractions différentes. L'expérience déterminera plus tard notre choix.

On pourrait affecter de croire que j'ai pris le change sur la question, en considérant en général ce qui doit seulement s'entendre d'une application particulière de la loi, pour un rayon supposé homogène. Afin d'écarter toute espèce d'incertitude à cet égard, je continuerai de transcrire le cinquième axiôme.

« Ainsi, lorsqu'un rayon rouge passe de l'air
» dans l'eau, le sinus d'incidence est au sinus de
» réfraction comme 4 à 3. Lorsqu'il passe de l'air
» dans le verre, ces sinus sont entre eux comme 17
» à 11. Quant aux rayons de toute autre couleur,
» les sinus ont d'autres proportions; *mais la dif-*
» *férence est si petite, qu'il est rarement néces-*
» *saire d'en tenir compte* ».

Effectivement l'auteur ne paraît pas en tenir compte, puisqu'il rapporte à la réfraction du rayon rouge, une raison qui n'a été trouvée juste que pour les rayons du centre du trait dispersé, c'est-à-dire les rayons verts ou de moyenne réfrangibilité, suivant l'hypothèse newtonienne. Il est donc évident que Newton désignait le rayon rouge indifféremment, comme il aurait fait tout autre. A l'égard de cette nouvelle proposition, qu'on peut négliger les proportions des sinus des autres couleurs à cause de leur si petite différence, nous verrons l'auteur y répondre formellement lui-même dans chaque expérience de son Traité, qui n'a pour but que de prouver qu'il faut tenir compte de cette différence; et nous le verrons aussi démentir plus positivement le cinquième axiôme (pris comme il l'a fait dans une acception générale), à quelques pages d'ici.

J'opposerais également la troisième définition au deuxième axiôme, à l'égard des rayons réfléchis, et j'y trouverais peut-être la même contradiction. Mais on peut m'objecter que par la plus grande réflexibilité on entend seulement la plus grande aptitude à être plus tôt réfléchi; que, du moment où la réflexion commence, à mesure que chaque rayon est soumis à cette condition, il se confond avec ceux qui l'ont devancé, pour former ensemble le même angle de réflexion toujours égal à celui d'incidence *; et qu'à telle incidence où les rayons seront tous réfléchis et ainsi réunis, on ne

* Néanmoins, il me serait facile de prouver que ce n'était pas ainsi que l'entendait l'auteur, dont la pensée se trouve à-peu-près exprimée dans la deuxième question sur l'optique, qui a pour but la solution jusqu'alors incertaine et véritablement inconnue de la diffraction.

« *Quest. II.* Les rayons qui diffèrent en réfrangibilité ne diffèrent-ils pas aussi en réflexibilité ? Et *séparés* les uns des » autres par leurs différentes réflexions, ne produisent-ils pas les » trois franges colorées ? etc. ».

pourra distinguer les rayons les moins réfrangibles des plus réfrangibles. Cette anomalie entre les réfractions et les réflexions ne doit-elle pas paraître surprenante, en tant que les données restent les mêmes, comme le pensent les Newtoniens, puisque les corps réfléchissent et réfractent la lumière par une seule et même force, ne produisant l'un ou l'autre effet qu'en raison de son plus ou moins d'énergie.

Il est à présumer que l'attraction, mot qui ne convient tout-au-plus qu'en apparence à des effets dont on a jusqu'à présent ignoré la cause, et qu'on emploie assez légèrement pour signifier un pouvoir imaginaire; que l'attraction, aussi inconnue à ses partisans dans sa manière d'être que dans sa manière d'agir, doit, au-moins lorsque les circonstances sont les mêmes, offrir de semblables résultats, ou bien il faut qu'il soit prouvé, quand le contraire a lieu, qu'il en doit être ainsi.

Pourquoi donc les rayons, réputés à-la-fois moins ou plus réfrangibles, moins ou plus réflexibles, étant distingués les uns des autres dans la réfraction, ne le sont-ils plus dans la réflexion, lorsqu'ils sont, dans ces deux cas, soumis à la même force? Le pouvoir réfringent ou réfléchissant demeurant toujours un, toujours le même, il faut que les différences dans les réfractions ou réflexions aient leur source dans la nature du rayon. Or je ne puis comprendre comment la réaction au point *unique* d'incidence peut répondre avec précision à cette multitude innombrable de mouvemens qui composent l'action du rayon hétérogène incident.

Il est possible que ceux qui connaissaient déjà le premier sentiment qu'ont eu d'abord un grand nombre de philosophes sur la réflexion, ne le perdent pas assez de vue pour trouver cette observation à sa place ; car le mouvement réfléchi qui se conçoit si bien par la décomposition instantanée des deux vîtesses qui transportent le rayon, explique, de la manière la plus satisfaisante, comment les angles d'incidence et de réflexion demeurent toujours égaux. Mais il faut qu'ils se fassent violence en quelque sorte ; il faut qu'ils oublient, s'ils le peuvent, une méthode régulière pour ne songer qu'à cette puissance extraordinaire, si favorable à la loi de continuité qu'inventa le père des monades et des indiscernables. Il faut qu'ils croient que le rayon qui s'infléchit dans la réfraction par une courbure dont la gradation est insensible, se replie de la même manière lorsqu'il est obligé de se relever au-dessus du point d'incidence, quoiqu'en vertu de la loi qui ordonne l'activité de l'attraction, en raison inverse du carré des distances ou de toute autre puissance n, puisque c'est une force progressive, la convexité de la petite courbe d'inflexion, dût être tournée dans un autre sens que celle de la petite courbe de réflexion. Ainsi, le même pouvoir appliqué avec une égale énergie contre tant de rayons qui en ont de si différentes, n'agit pas plus sur le plus réflexible que sur le moins réflexible, quoiqu'il produise, lorsque le rayon traverse la surface intermédiaire, des effets sensiblement variés.

On voit sur-le-champ comment la vitesse perpendiculaire, anéantie et restituée tout-à-coup, fait décrire au rayon une ligne semblable à celle de l'incidence ; mais il n'est pas aussi facile de se représenter une force dont on n'a nulle idée, agissant par une progression lente, et conduisant le filet de lumière par mille détours, par mille déviations différentes dans les limites d'une courbe dont la première moitié ne saurait contenir en elle-même la raison suffisante de l'autre, puisque chaque inclinaison doit avoir sa courbe particulière, tandis que le sommet de toutes les courbes diverses, c'est-à-dire le point où le rayon commence à se relever, doit être absolument semblable, parce que la partie du rayon qui s'y trouve est tangente à la ligne qui marque l'origine de la direction rétrograde, et qu'il n'y a qu'une manière pour toutes les courbes possibles, d'être tangentes à une ligne droite. Combien d'objections de ce genre il reste encore à faire : mais ce n'est pas ici le lieu.

Je ne prétends pas m'établir si promptement juge entre les deux opinions qui se disputent la découverte de la cause qui contraint la lumière à changer sa direction à la rencontre d'un nouveau milieu, quoique je ne manque pas de raisons pour asseoir un jugement et légitimer la préférence que je donnerais à celle qui rapporte tout aux lois plus simples de la mécanique. Cette dernière, qui n'est encore qu'ébauchée puisqu'elle s'arrête à la surface du milieu qu'elle n'a pu franchir en suivant le rayon dans sa nouvelle route, me paraît avoir besoin d'une main puissante pour la rétablir dans des droits usurpés par l'attraction. Mais au-moins, je puis tenter de préparer son retour, et prouver comme je le disais il n'y a qu'un moment, que le fantôme auquel on rend hommage n'est pas seulement connu de ceux qui le défendent *.

Puisque nous avons à traiter des effets de la lumière réfractée, il n'est pas hors de propos d'examiner d'abord le sentiment de nos adversaires sur la loi du phénomène et la dépendance de la cause

* Saisir à peu-près le sens idiotique de certaines expressions, c'est souvent toute la peine qu'on veut prendre; et pourvu qu'on entrevoye une idée dans les propositions les plus extraordinaires, on ne s'embarrasse pas d'aller plus loin. Ce vice capital, qui fait qu'on se paye si facilement de mots, est presqu'universel dans la classe des lecteurs, et n'est guère moins commun dans celle de ceux qui écrivent. Il ouvre la porte à cette foule d'êtres de raison, dont l'esprit s'occupe assez mal-à-propos à constater l'existence. Ombres légères, enfans informes d'une imagination paresseuse ou malade, ils ont loin de nous un corps qui fuit à notre approche, ou s'évanouit dans nos embrassemens.

occulte qui semble, en dépit du progrès des lumières, vouloir nous ramener à des siècles féconds en semblables agens. L'occasion nous en sera fournie par la sixième proposition newtonienne dont le but est le développement du théorême qui suit :

« *Théorême V*. Le sinus d'incidence de chaque rayon hétérogène, pris à part, est à son sinus de réfraction en raison donnée ».

Comme je prends ce théorême dans l'expression la plus générale, et que j'en rapporte à tout rayon la conséquence unique sans distinction de cas particuliers, ce principe, aussi certain pour moi que pour l'auteur, n'est pas ce que je cherche à détruire, mais bien seulement l'hypothèse, au moyen de laquelle on prétend donner une démonstration de ce qu'on vient de voir, et qui suppose que les rayons qui tombent sur un milieu réfringent, sont réfractés par une force constante, qui, à distance donnée de la surface, a toujours une énergie donnée.

Néanmoins un respect religieux me persuade de ne point attaquer directement Newton quand il s'agit d'un faux calcul, et de chercher pour l'exercice de ma liberté, à combattre, dans ses disciples, l'expression de la pensée du maître. Ce n'est pas que ceux-ci n'aient autant de part à ma vénération ; mais puisqu'ils ne parlent point d'après eux-mêmes, je sauve les convenances à l'égard de l'un et des autres. Je ne m'occuperai donc pas de la 15.e expérience qui fait partie de la sixième proposition, d'autant plus que l'auteur s'y donne un peu trop de latitude, relativement à la grandeur de l'angle réfringent dans les différens prismes qu'il emploie, et qu'il convient d'ailleurs de n'être pas entré dans un calcul bien exact. Il me semble, en outre, qu'il connaissait trop peu le mécanisme de la cinquième expérience dont la quinzième n'est qu'une application, pour s'apercevoir qu'elle fournit une bien faible preuve à l'établissement du principe indiqué. C'est ce qui pourra paraître bientôt.

Voici ce que je trouve dans le *Traité de Physique* du célèbre Musschenbroeck.

« Que R O (*fig.* 1 *a*) marque la vîtesse du rayon » incident : elle sera toujours la même ; mais on » peut la résoudre en R C et C O. En tant que le » rayon se meut d'un mouvement R C parallèle à » A B, il n'avance pas plus vîte ; mais en tant qu'il » est porté par le mouvement C O, il se meut avec » plus de célérité à l'aide de la vertu attractive du » milieu *Z*. Que l'augmentation de la vîtesse soit » égale à D K ; qu'on tire sur O B la portion O I » = R C, ou après avoir tiré la perpendiculaire » R H sur A B, laquelle coupera H O = R C, » on aura H O = O I ; qu'on tire O D = O C, » et qu'on y ajoute D K, alors le rayon, après » son immersion dans le milieu *Z*, sera porté » par la vîtesse O K et O I ; c'est pourquoi il

» faut former sur les côtés OK, OI, le parallé-
» logramme OISK, et la diagonale OS sera le
» chemin et la vîtesse du rayon. Qu'on décrive
» du centre O avec la ligne OR, un cercle
» qui coupera OS en F, d'où il faut faire tom-
» ber la perpendiculaire DF sur OK; alors on
» aura FO = RO et SO : FO :: KS : DF;
» mais KS est = OI = RC, par conséquent SO :
» RO :: RC : DF, c'est-à-dire la vîtesse du rayon,
» après la réfraction, est à la vitesse avant la ré-
» fraction, comme le sinus de l'angle d'incidence
» est au sinus de l'angle de réfraction. Comme RO
» et OS doivent être toujours les mêmes, il faut
» aussi que les lignes DF, KS ou les sinus des angles
» précédens soient aussi constamment les mêmes ».

Cette démonstration, où la quantité DK est si mal déterminée, est absurde jusqu'à l'évidence. Dans les triangles (*fig.* 1 *b*) semblables OKS, ODF, si les côtés KS, DF, sont entr'eux en raison donnée, OK et OD seront nécessairement en même raison. Comment se pourrait-il donc faire que OD venant à changer tandis que DK demeurerait au contraire toujours constant, le rapport fût encore le même? En outre, si DK est pris au-dessous du point D où tombe le sinus de réfraction DF (comme il suit de la construction précédente), OD co-sinus de l'angle de réfraction ne saurait être égal à OC co-sinus de l'angle d'incidence; en effet, ces co-sinus ne sont autres que les sinus des complémens des angles de réfraction et d'incidence ; et puisque l'angle de réfraction est toujours plus petit que l'angle d'incidence (voyez le 3.e axiôme), le sinus de son complément est évidemment plus grand que le sinus du complément de l'angle d'incidence. D'où il résulte que cette force attractive restant toujours la même, quelle que soit l'obliquité du rayon incident, suffirait pour troubler les rapports des sinus qui deviendraient souvent même incommensurables. L'exactitude constante du rapport des sinus d'incidence et de réfraction prouverait que la force attractive ne saurait varier, et son invariabilité prouve qu'elle n'existe pas. Qu'on y fasse attention : la contradiction n'est ici qu'apparente et seulement dans les termes ; elle ne le serait dans le fond que par l'abstraction des modes.

Voici une autre démonstration de M.***

« Nous avons dit que, relativement à un même
» milieu, le sinus d'incidence est en rapport con-
» stant avec celui de réfraction : c'est ce que nous
» allons démontrer à l'aide d'un principe qui tient
» à la théorie des forces accélératrices. Soit A B
» (*fig.* 2) la surface du milieu réfringent que nous
» supposons plus dense que l'air, *s t* le rayon in-
» cident, *t i* le rayon réfracté, *b m* la perpendi-
» culaire au point d'immersion, et *s b*, *i m*, deux
» perpendiculaires sur cette même ligne. Si *s t*

» représente en même temps la vitesse du rayon
» dans l'air, on pourra décomposer cette vitesse
» suivant deux directions sb et bt, dont la pre-
» mière représentera la vitesse horizontale du
» rayon incident, et l'autre la vitesse verticale.
» Supposons que l'on ait pris ti, de manière que
» im soit égale à bs, la vitesse horizontale étant
» toujours la même pendant que le rayon se meut
» suivant ti, puisque l'action de la force accélé-
» ratrice ne peut ajouter aucun changement à cette
» vitesse, elle sera encore représentée par im égale
» à bs; d'où il suit que la vitesse verticale, relative
» au mouvement suivant ti, sera représentée par
» tm. Or le principe dont nous avons parlé consiste
» en ce que la quantité dont le carré de la vitesse
» verticale se trouve augmenté par l'effet de la force
» attractive du milieu est une constante, quelle que
» soit la direction du rayon incident; c'est-à-dire
» que si l'on désigne par u^2 le carré de la vitesse bt,
» et par V^2 celui de la vitesse tm, la différence
» V^2-u^2 sera une constante. Soit d^2 cette dif-
» férence, et soit h la vitesse horizontale bs. Pre-
» nons sur ti la partie tz égale à st, puis par le
» point z menons zy parallèle à im; bs ou son
» égale im représentera le sinus d'incidence, et
» zy celui de réfraction. Or $zy : im :: tz : ti$;
» mais tz ou $ts=\sqrt{(bt)^2+(bs)^2}=\sqrt{u^2+h^2}$; ti

» $= \sqrt{(tm)^2 + (im)^2} = \sqrt{u^2 + d^2 + h^2}$. Donc le
» rapport entre tz et ti ou entre les sinus zy et
» im, est $\sqrt{\frac{u^2 + h^2}{u^2 + d^2 + h^2}}$. Mais parce que le rayon
» incident a la même vîtesse, quelle que soit son
» inclinaison, le numérateur $\sqrt{u^2 + h^2}$ ou l'expres-
» sion de tz est une quantité constante. Donc le
» dénominateur $\sqrt{u^2 + d^2 + h^2}$ étant composé du
» carré constant $u^2 + h^2$ et de la constante d^2, sera
» lui-même constant. Donc tel sera aussi le rapport
» entre les sinus ».

Cette autre démonstration, qui tend également à prouver qu'on peut déduire par tous les cas possibles la constance du rapport des sinus d'incidence et de réfraction, pêche dans le même principe que la précédente.

Dans la subtitution des valeurs de $ti = \sqrt{(tm^2) + (im)^2} = \sqrt{u^2 + d^2 + 2h}$, on ne saurait pouvoir mettre $u^2 + d^2$ à la place de $(tm)^2$, quoique, dans l'hypothèse, tm ne soit que $bt = u + d$; en effet, si $ts = \sqrt{(bs)^2 + (bt)^2}$, $tz = ts$ est aussi égal à $\sqrt{(ty)^2 + (yz)^2}$; voilà par conséquent deux expressions de la même vîtesse ts, dont l'une avant l'incidence du rayon est égale à celle de la vîtesse après la réfraction; ainsi, que l'on suppose une augmentation dans la vîtesse perpendiculaire; cette augmentation ne peut être que ym; ym sera donc égale d. Cela posé, si dans l'équation $tz = \sqrt{u^2 + d^2 + h^2}$ on substituait l'expression de d c'est-à-dire ym, $\sqrt{u^2}$ serait égale à ty, ce qui est impossible, puisqu'elle est déjà égale à bt et que bt et ty sont entre eux comme les sinus des complémens des angles d'incidence et de réfraction bts et zty. Dailleurs, à cause des équations $ts = \sqrt{(bs)^2 + (bt)^2} = tz = \sqrt{(ty)^2 + (yz)^2}$, puisque dans l'hypothèse on voudrait que $\sqrt{tm^2 - d^2}$ fût égale $\sqrt{u^2}$ c'est-à-dire que $tm - ym$ égalât bt; il faudrait absolument que bs et zy fussent aussi des quantités égales. Or, on sait que l'une est le sinus d'incidence et l'autre le sinus de réfraction ; donc, etc.

Il y a dans ce qui précède une circonstance précieuse, c'est l'égalité des sommes des vîtesses horisontale et verticale avant et après la réfraction; j'espère en faire usage si je donne un jour mon opinion sur le mécanisme des mouvemens de réfraction et de réflexion. Quant à présent, je m'en tiens à l'expression de la loi déduite de l'observation constante de faits certains; me proposant d'ailleurs d'attaquer des hypothèses, je dois songer à n'en proposer que le moins qu'il me sera possible.

Sur la troisième Expérience newtonienne.

Newton ayant introduit un faisceau de rayons solaires, dans une chambre obscure, par un trou rond de quatre lignes fait au volet, le fit passer à travers un prisme dont l'angle réfringent avait 64°. Le faisceau, détourné de la route directe, par la réfraction dans le milieu triangulaire, alla projeter sur le mur au fond de la chambre, une image oblongue terminée par deux côtés rectilignes et deux bouts, dont l'un pouvait passer pour semi-circulaire; l'autre, plus confus et moins net, s'arrondissait plutôt comme un bout d'ellipsoïde que comme un cercle: la lumière en cet endroit est d'ailleurs si faible qu'il n'est pas possible de distinguer une forme précise. Le champ de cette figure, beaucoup plus longue que large, était divisé comme par bandes au nombre de sept, dont les limites plus ou moins écartées, et peu distinctes dans quelques-unes, renfermaient une couleur particulière. Toutes par leur ensemble représentaient les sept couleurs qu'on trouve dans l'arc-en-ciel. Ainsi, l'axe du prisme étant perpendiculaire à l'axe du faisceau incident, et l'angle réfringent étant tourné en bas, ces couleurs observaient cet ordre, en commençant par le bas de l'image communément appelée spectre solaire: rouge, orangé, jaune, vert, bleu, indigo, violet.

Telles sont, au premier coup-d'œil, les premières circonstances qui frappent l'observateur. Bientôt il en découvre d'autres non-moins curieuses et dont le détail ne se fait cependant encore que successivement.

Si l'on maintient le prisme dans son lieu, toujours parallèlement à sa première position, et qu'on le fasse seulement tourner sur son axe, on voit le spectre monter et descendre alternativement; et ce qui doit fixer l'attention du physicien, c'est que par suite d'un même mouvement du prisme, le spectre, après être descendu, remonte ensuite, et disparaît enfin par partie, en commençant par le violet. Le point intermédiaire de ses deux plus grandes élévations est aussi remarquable, en ce qu'en cet endroit il semble s'arrêter en masse, quoiqu'on distingue un mouvement sensible dans toutes ses parties. A ce point, où l'image est stationnaire, sa longueur, mesurée à 18 pieds $\frac{1}{2}$ par le philosophe anglais, fut trouvée de 10 pouces $\frac{1}{4}$, et sa largeur de 2 pouces $\frac{1}{8}$, y compris une lumière faible ou pénombre qui bordait ses côtés. En tout autre lieu la largeur est la même; mais la longueur change, et devient plus grande ou plus petite suivant que les rayons émergens sortent plus ou moins obliquement de la seconde surface du prisme. Elle augmente, par exemple, de plusieurs pouces lorsque les rayons émergens s'inclinent à la deuxième surface, et diminue au contraire lorsqu'ils s'en écartent et se redressent vers la perpendiculaire. Newton prétend que cette diminution est égale à l'augmentation qu'elle acquiert en premier lieu. Il se trompe : la progression de son extension est si différente et si considérable, qu'on la voit, sans qu'il soit besoin de mesurer, excéder la quantité qu'elle peut perdre de plus de six pouces. Je l'ai toujours vue s'accroître ainsi dans une telle proportion que, sur un carton blanc gradué par demi-pouces, elle me donnait près de deux pieds de longueur, et bien davantage si je ne prenais pas la précaution de recevoir perpendiculairement le faisceau émergent. Je ne l'ai pas vue, au contraire, diminuer de beaucoup plus de quatre pouces lorsque les rayons tombaient très-obliquement sur le côté de l'incidence.

Dans les deux mouvemens d'ascension, l'un est plus rapide que l'autre, et lorsque le spectre, d'abord stationnaire, s'élève en même-temps que la face du prisme s'éloigne des rayons émergens, sa marche est lente et sa vîtesse à-peu-près uniforme; tandis que si ces rayons s'inclinent au côté du prisme, son mouvement est beaucoup plus vîte et en même-temps accéléré *.

Pendant qu'au moyen de ce dernier mouvement, l'image monte et s'accroît, une partie des rayons abandonnent le faisceau réfracté pour se réfléchir au point d'où les autres émergent. Ils traversent de nouveau l'épaisseur du prisme, et sortent par le côté

* M. l'abbé Haüy donne une fort bonne démonstration des deux mouvemens de l'image; mais il ne rend pas raison de cette différence de vîtesse que je crois au reste inexplicable dans le système newtonien. (Voyez son *Traité élémentaire de Physique*, n.° 928.)

opposé à l'angle réfringent. Leur nombre augmente jusqu'à ce qu'enfin tout le faisceau suive la même route. L'image que ce nouveau trait réfracté va tracer au plafond de la chambre n'est plus, comme la précédente, nuancée d'autant de couleurs, si l'angle réfringent est de 60 ou 64° comme celui dont se servait l'auteur. Elle est alors circulaire, et aux endroits qui correspondent aux deux bouts de l'image colorée, on aperçoit néanmoins une légère teinte de rouge d'un côté, et de bleu de l'autre ; l'intervalle qui sépare ces deux nuances est blanc ou acolore.

Mais si le prisme est rectangulaire, et si l'on dispose tout de manière que les rayons réfléchis deviennent, dans le prisme, l'hypothénuse de l'angle droit, l'image qui en résulte est, à distance égale, plus étendue que le spectre ordinaire ; elle paraît, en outre, colorée dans toutes ses parties, surtout si le prisme est d'un verre choisi. (Avec un prisme d'un verre d'Allemagne, le centre est presque toujours blanc.)

Ce trait qui, par la réflexion occasionnée à la deuxième surface du prisme, a changé le lieu de son émergence, est revêtu de caractères particuliers qui serviront bientôt à nous guider dans la vérification d'un fait essentiel.

Newton avait remarqué que la différente grandeur du trou fait au volet, la différente épaisseur du prisme à l'endroit où les rayons le traversent, et les différentes inclinaisons de son axe à l'horizon, ne produisaient aucun changement sensible dans la longueur de l'image. Son observation est exacte et entière dans les deux premiers points, qui se conçoivent d'autant mieux que, premièrement, on peut considérer, si l'on veut, qu'à chaque point du trou se trouve le sommet d'un angle, qui mesure le diamètre apparent du soleil, et comme cet angle est toujours le même, c'est-à-dire d'un demi-degré (bien entendu que c'est dans un même temps), un trou plus grand laissera passer un plus grand nombre de ces petits cônes lumineux qui composent le trait entier. La seule variété qui puisse arriver dans les dimensions de l'image peut se calculer aisément par la différence des petites ellipses que le trait commun marque sur les côtés du prisme. Secondement, il n'est pas surprenant que les différentes épaisseurs d'un même prisme n'apportent aucun changement; car on doit présumer que les réfractions n'ont rien de commun avec l'étendue des milieux que la lumière traverse, mais qu'elle dérive d'un certain rapport entre la direction du rayon et la position de la surface par laquelle celui-ci pénètre. Dès-lors, si le faisceau réfracté se porte parallèlement à lui-même de la base à l'angle réfringent, ou de cet angle à la base, les angles qu'il fait avec les deux côtés qu'il traverse ne changent pas pour cela, et il ne doit rien arriver de nouveau à l'image.

A l'égard de la troisième observation, elle me paraît restreinte à une seule circonstance, lorsqu'elle pouvait s'étendre à une autre qui mérite attention.

Il est bien vrai que toute inclinaison de l'axe du prisme à l'horizon est indifférente; mais celle de ce même axe à l'axe du cône lumineux ne l'est pas. Ainsi, par exemple, lorsqu'on incline le prisme suivant son axe (qui cependant demeure parallèle à l'horizon), aux rayons incidens, l'image s'incline sur le mur d'une manière sensible : c'est une particularité qu'il ne faut pas négliger; elle trouvera plus d'une application, et son explication en temps et lieu. Il est bon aussi de remarquer qu'alors les transversales qui séparent les couleurs ne sont plus, comme avant, perpendiculaires à la longueur de l'image; elles ne sont pas non plus dans une position parallèle à la première qu'elles avaient; mais elles sont si fortement inclinées, qu'il n'est pas possible de ne pas voir qu'un de leurs bouts s'est abaissé, et que l'autre, celui qui se trouve du côté vers lequel l'image penche, s'est élevé à mesure que le faisceau devenait plus oblique à l'axe du prisme. L'extrémité rouge qui, dans la position ordinaire, est celle qui approche le plus de la forme circulaire, est alors rectiligne comme les côtés, ce qui donne plus de facilité pour estimer d'une manière plus approchée l'angle aigu que les transversales font avec l'un des côtés de l'image. J'ai trouvé à plusieurs reprises cet angle au-dessous de 20°, d'où il résulte que l'inclinaison de ces lignes est plus forte que celle de l'image qui ne paraissait pas avoir décliné de plus de 20 à 25°. Or, si les transversales étaient demeurées parallèles à leur position primitive, l'angle aigu, dont j'ai fait mention, aurait pour complément 20 ou 25°, et serait par conséquent de 70 à 65°. La largeur du spectre diminuait d'autant plus que l'inclinaison des transversales augmentait.

Enfin, l'observation poussée plus loin encore, découvre un fait dont nous connaîtrons plus tard l'importance. Les rayons continuant à s'incliner à l'axe du prisme, l'image montait sur le mur, et la longueur du spectre augmentait; ce qui prouve évidemment que l'obliquité des rayons suivant l'axe du prisme augmentait la réfraction qui a rapport à l'obliquité ordinaire, suivant la ligne qui tombe à angles droits sur les arrêtes du prisme.

L'auteur ne s'est pas arrêté à tous les détails que nous venons de passer en revue, quoique ceux mêmes qui paraissent avoir le moins d'importance, ne doivent pas être regardés comme oiseux, lorsqu'il s'agit d'arriver à une conclusion qui forme ou détermine une opinion fondamentale; car, sans eux, tirée d'une induction imparfaite, elle peut être conséquente, sans pourtant être juste, puisqu'elle néglige de faire entrer en valeur des faits qui s'adapteraient peut-être difficilement à l'hypothèse, et prouveraient, par cela même, qu'ils sont essentiels. Il ne considère donc, dans toute cette expérience, que la longueur extraordinaire du spectre; et voici comment il s'exprime à cet égard:

« Comme les rayons émergeaient du verre en
» ligne droite, ils avaient tous l'inclinaison réci-
» proque qui donnait la longueur de l'image,
» c'est-à-dire une inclinaison de plus de 2 degrés*.
» Suivant les lois connues de la dioptrique, il
» n'était pourtant pas possible qu'ils fussent si fort
» inclinés l'un à l'autre. Car soient EG le volet
» (*fig.* 3), F le trou qui donne passage au faisceau
» des rayons; ABC le prisme vu par un de ses
» bouts; XY le soleil; MN le papier blanc sur
» lequel est projetée l'image solaire PT, dont les
» côtés parallèles *v* et *w* sont rectilignes, et les
» extrémités P et T semi-circulaires. Soient aussi
» YKHP et XLJT deux rayons, dont le pre-
» mier, allant de la partie inférieure du soleil à la
» partie supérieure de l'image, est réfracté par
» le prisme en K et H; et le dernier, allant de la
» partie supérieure du soleil à la partie inférieure
» de l'image, est réfracté en L et J. Cela posé, il
» est clair que la réfraction en K étant égale à la
» réfraction en J, et que la réfraction en L étant

» égale à la réfraction en H, les réfractions totales » des rayons incidens en K et L sont égales aux » réfractions totales des rayons émergens en H » et J; d'où il suit (en ajoutant choses égales à » choses égales) que les réfractions en K et H, » prises ensemble, sont égales aux réfractions en » J et L prises ensemble : par conséquent, les deux » rayons, supposés également réfractés, devraient » conserver, après leur émergence, l'inclinaison » qu'ils avaient avant leur incidence, c'est-à-dire, » l'inclinaison d'un demi-degré diamètre apparent » du soleil ».

« La longueur de l'image sous-tendrait donc au » prisme un angle d'un demi-degré; elle serait » donc égale à la largeur $v\,w$: ainsi, l'image serait » ronde : ce qui arriverait infailliblement, si les » deux rayons X L J T et Y K H P, et tous les » autres qui concourent à former l'image $P\,w\,T\,v$, » étaient également réfrangibles. Mais puisqu'elle » est environ cinq fois plus longue que large, les » rayons portés par la réfraction à son extrémité » supérieure P, doivent être plus réfrangibles que » les rayons portés à son extrémité inférieure T, » si toutefois leur inégalité de réfraction n'est pas » accidentelle. Or, l'image P T étant rouge à son » extrémité inférieure, violette à son extrémité » supérieure, jaune, verte, bleue dans l'espace » intermédiaire, il suit nécessairement que les

» rayons qui diffèrent en couleur, diffèrent aussi en » réfrangibilité ».

Cette conclusion, qu'on a regardée comme juste, me paraît non-seulement prématurée, mais point du tout nécessaire, surtout après un aperçu aussi superficiel. Si les rayons extrêmes Y K H P et X L S T ont entre eux l'inclinaison qui produit à 18 pieds $\frac{1}{2}$ une étendue de 10 pouces $\frac{1}{4}$ lorsque l'image est stationnaire, il est clair qu'une cause quelconque a changé dans le prisme la divergence des rayons qui n'avaient, à leur incidence, qu'un angle d'un demi-degré. Il est encore manifeste que dans les seules conditions qu'on a eues en vue dans l'énoncé qui précède, l'augmentation de cet angle se trouve inexplicable. Mais jusque-là c'est à-peu-près tout ce que nous dit l'expérience; elle ne détermine aucunement notre choix pour une cause de préférence à toute autre; et je ne vois rien dans tous les détails du phénomène dont la liaison et la connexion intime décèle l'influence immédiate d'une différence de réfrangibilité inhérente aux diverses parties du rayon solaire.

Ou c'est une loi nouvelle qu'il s'agit de découvrir, ou c'est une simple circonstance perdue dans l'ensemble, qui peut être la source de l'extension extraordinaire du faisceau dans un sens.

Dans le premier cas, un fait unique ne peut suffire. C'est par une généralisation nombreuse, par le concours d'un certain nombre de faits analogues, qu'il est seulement possible de parvenir cette nouvelle loi. C'est de cette manière que les autres ont été découvertes.

A l'égard du second cas, le doute raisonnable de sa probabilité exige au-moins qu'avant de prononcer, on s'assure, par un examen plus étendu, que tout s'unit pour lui donner l'exclusion. Cette précaution, à mon avis, devait paraître d'autant plus nécessaire, qu'il serait peut-être difficile de déduire naturellement de cette propriété distincte attribuée aux divisions du rayon, la diminution de l'image, lorsque le faisceau s'incline à la surface de l'incidence. Je crois même que les choses auraient lieu tout différemment dans l'hypothèse, et que l'inclinaison réciproque des rayons serait susceptible d'augmenter, lorsque le faisceau incident s'éloigne de la perpendiculaire; puisque l'angle rompu augmente en proportion comme le sinus d'incidence, et que le rayon violet supposé plus réfrangible doit se séparer du rouge, ou du moins réfrangible par une divergence plus considérable au moment où l'action du pouvoir réfringent a le plus d'intensité.

Pour deux rayons censés homogènes, la divergence diminuerait d'autant plus qu'ils seraient plus obliques à leur incidence, parce que la raison de la progression des sinus n'est pas constante : elle diminue dans les plus grands angles. Si cette différence entre chaque sinus était partout la même, la divergence des rayons réfractés serait aussi la même dans toutes les inclinaisons, et les dimensions de l'image ne changeraient pas.

Mais si les rayons étaient différemment réfrangibles, au-lieu de diminuer quand la première surface du prisme s'incline davantage, leur inclinaison réciproque augmenterait dans la première réfraction; et quoiqu'à-la-vérité les rayons deviennent moins obliques sur la seconde surface, la différence des sinus, qui ne pourrait varier tout au plus que de quelque cent milliémes, serait facilement annulée, et par cette augmentation, et par la différence entre les nombres 28 et 27, qui, suivant l'auteur anglais, donnent le rapport de réfraction des rayons plus réfrangibles aux moins réfrangibles.

Cette opinion, que je puis étayer au besoin d'autorités prépondérantes, recevra d'ailleurs un fondement assez solide dans la preuve que je vais en donner.

On trouve dans la septième proposition du Traité d'Optique, que le nombre 50 est l'expression numérique par laquelle il faut représenter le sinus commun d'incidence intérieure des rayons sur le verre, quand les sinus de l'émergence dans l'air des rayons rouge et violet sont représentés par les nombres 77 et 78.

Au moyen de ces données, si l'on fait attention qu'en vertu de la déviation contraire imprimée dans deux milieux contigus et de densité différente, le rapport qui exprime la quantité de cette déviation dans l'un est simplement renversé de celui qui fait connaître la réfraction dans l'autre, on pourra calculer aisément les réfractions et la dispersion d'un rayon hétérogène dans un prisme d'un angle réfringent quelconque, par exemple, de 64°, comme précédemment, pour deux cas différens, celui où l'image est stationnaire et celui d'une des plus grandes inclinaisons du rayon à la première surface.

Passage du rayon de l'air dans le verre.

Connaissant le commun sinus d'incidence, on aura les sinus de réfraction en cherchant les quatrièmes termes des proportions suivantes :

Pour le rayon rouge.

Log. 77 : log. 50 :: L. Sin. I : L. Sin. R.

Pour le rayon violet.

Log. 78 : log. 50 :: L. Sin. i : L. Sin. I.

Retour dans l'air.

On connaît, par la première opération, l'angle d'incidence de chaque rayon sur la deuxième surface dont on connaît aussi l'inclinaison à la première. C'est pourquoi on aura :

Pour le rayon rouge.

Log. 50 : Log. 77 :: L. Sin I′ : L. Sin. R′.

Pour le rayon violet.

Log. 50 : Log. 78 :: L. Sin i' : L. Sin. r.

D'où il suit, qu'en raison de l'usage des logarithmes, il suffira, pour trouver l'angle de réfraction, de retrancher dans le premier cas du sinus de l'angle d'incidence la différence des log. des deux nombres qui composent le rapport, et dans le second cas, d'ajouter au contraire cette même différence.

Je suppose le commun angle d'incidence à la première surface de 54° 59', qui est l'inclinaison nécessaire * pour que le rayon du centre se brise parallèlement à la base du prisme qui est isocèle, et pour que l'image soit stationnaire, en opérant suivant la méthode indiquée, on trouve que l'inclinaison réciproque des deux rayons à l'émergence serait 2° 9', dont la sous-tendante à 18 pieds ½ égale 8 pouces 4 lignes.

Si je prends actuellement l'angle d'incidence à la première surface de 84°, j'obtiens pour l'inclinaison réciproque des deux rayons à l'émergence, 3° 38', dont la sous-tendante à la distance de 18 pieds ½ est de 14 pouces 1 ligne.

Dans l'expérience, l'image diminue de 4 pouces lors de la plus grande inclinaison du faisceau sur la première surface du prisme. C'est donc 10 pouces

* Tables de Lalande.

d'erreur que produirait le principe de la différence de réfrangibilité.

Il est des circonstances où il devient nécessaire d'accumuler les preuves; l'assertion précédente est encore susceptible d'en obtenir.

Par suite d'un même mouvement du prisme, le spectre solaire, comme je l'ai déjà dit, a deux transports d'ascension entre lesquels il se trouve stationnaire : M. l'abbé Haüy développe fort bien ce phénomène* ; il explique la dernière position par l'augmentation de l'angle formé par les rayons incident et émergent prolongés, et les deux premières par le retour des rayons aux mêmes angles devenus plus aigus. C'est-à-dire que l'angle que forment entre eux les rayons incident et émergent, lorsque ce dernier sort le plus obliquement de la seconde surface du prisme, est le plus petit possible (par conséquent la déviation du rayon est la plus considérable) ; que cet angle augmente à mesure que le rayon émergent devient moins oblique jusqu'au moment où l'image s'arrête, après quoi il diminue, et repasse par les mêmes ouvertures qu'il a déjà obtenues, jusqu'à ce que le rayon incident devenant le plus incliné sur la première surface, l'angle est le même qu'au moment où le rayon émergent était ainsi incliné à la seconde.

D'où je conclus que dans l'hypothèse newto-

---

* Voyez son *Traité élémentaire de Physique*, n.° 928.

nienne, l'image devrait augmenter toutes les fois qu'elle monte, et diminuer quand elle descend, puisqu'elle ne monte qu'en raison de la plus grande déviation ou réfraction du rayon, et qu'elle ne descend que par la raison contraire. Cette conséquence cadre parfaitement avec l'assertion et la démonstration précédentes.

Ainsi, d'un côté, si les lois ordinaires de la dioptrique ne rendent pas encore raison de l'accroissement de l'angle qu'obtiennent entre eux les rayons YKHP et XLST, au-moins le changement de leur divergence, suivant ces mêmes lois, s'accorde avec les mouvemens qui s'observent dans l'une des dimensions de l'image.

D'un autre côté, si la différente réfrangibilité est favorable à l'explication de la grandeur surprenante du spectre, cette même réfrangibilité se trouve en contradiction avec la diminution et l'augmentation de l'angle des rayons extrêmes.

En sorte, qu'en premier lieu, l'application peut-être imparfaite d'une loi déjà connue, paraît seulement insuffisante pour rendre raison d'une circonstance remarquable du phénomène; et qu'en second lieu, la loi nouvelle qu'on propose est tout-à-fait contraire à un autre caractère tout aussi distinctif; et si j'étais pressé de conclure, la disparité bien sensible des deux chances ne me laisserait pas assurément hésiter un instant.

Dans l'hypothèse newtonienne, un seul rayon

se compose de plusieurs filets élémentaires, dont la réunion produit la lumière sans couleur, mais qui, forcés de se séparer par la réfraction, ont individuellement la propriété exclusive d'exciter en nous la sensation d'une couleur particulière. Dans l'image PT, qui se trouve illuminée de sept couleurs différentes, la longueur est la limite de l'écart que ces filets obtiennent des deux réfractions que le faisceau subit dans le prisme ABC. On suppose qu'un rayon YK, par exemple (*fig* 3), se divise dans le prisme, et que chacune de ses divisions va se rendre à l'extrémité supérieure de chaque couleur; et comme tous les autres qui tombent sur l'espace KL ont la même propriété, chacun distribue un de ses élémens à chaque bande; de manière que le rayon XL envoye une de ses parties à la partie violette, une autre à la partie rouge, etc., ainsi que le rayon YK et les autres. Il suit de là que tous les filets de rayons appropriés à telle couleur se brisent de la même manière, et que ceux qui doivent faire naître le violet, par exemple, sont compris dans les divisions qui se séparent de YK et XL; et comme ces rayons forment entre eux un angle d'un demi-degré, ces violets extérieurs formeront un pareil angle. On a vu qu'un angle d'un demi-degré devrait donner à 18 pieds ½, 2 pouces ⅚ d'ouverture; il suit nécessairement que le rayon violet, provenu du rayon XL, tombera à 2 pouces ½ au-dessous du point P, où tombe le rayon violet de Y K. Il en sera réciproquement de même pour le rayon rouge de Y K, qui se rendra à 2 pouces $\frac{1}{8}$ au-dessus de T, où doit arriver le rouge séparé de XL. Ainsi, l'image comprise entre le violet et le rouge partis d'un même rayon serait de 7 pouces $\frac{7}{8}$, grandeur de la corde qui sous-tend un angle de 2° 0′ 7″. Je rapporterai ici ce que dit à ce sujet l'auteur dans la septième proposition.

« De la longueur de l'image, qui était d'environ » 10 pouces, retranchez sa largeur qui était de » 2 pouces $\frac{1}{8}$, restera 7 pouces $\frac{7}{8}$, qui donneraient, » si le soleil n'était qu'un point, la longueur de » l'image, ou, si l'on veut la sous-tendante de » l'angle que les rayons les plus réfrangibles et les » moins réfrangibles, tombant sur le prisme par » les mêmes lignes, comprendraient entre eux » après leur émergence. Cet angle est donc de » 2° 0′ 7″; car la distance de l'image au prisme » (d'où l'angle part) était de 18 pieds 6 pouces. » A cette distance, la corde de 7 pouces $\frac{7}{8}$ est la » sous-tendante d'un angle de 2° 0′ 7″ ».

Il suit encore de l'hypothèse en question, que chaque couleur devrait être contenue dans un cercle dont le diamètre serait égal à la largeur du spectre. C'est ce que Newton ne manque pas de confirmer positivement à l'occasion de la cinquième expérience.

« Il est bon d'observer que les rayons également

» réfrangibles tombent tous sous un cercle ou » espace orbiculaire qui répond au disque du » soleil ».

Dans cette supposition gratuite, qu'aucun fait ne saurait autoriser, sous quel aspect devrait s'offrir l'image réfractée ?

Chaque couleur paraîtrait visiblement renfermée dans un segment terminé par deux arcs d'un rayon égal. De tous ces cercles superposés, un au-moins * devrait paraître tout entier, ne pouvant

* J'ai plus que tout autre besoin de m'expliquer, en raison de l'extrême prévention et des autres obstacles qui doivent naturellement s'élever contre moi; cependant je prends le parti de le faire dans une note, parce que ceux qui n'ont pas d'intérêt de faire des objections, ne sauraient être arrêtés ici. Je ne m'attacherai pas à développer cette assertion, que dans l'image colorée la supposition des cercles n'est fondée sur aucun fait; je ne crains pas de la renouveler positivement, parce que toute personne de bonne-foi peut en reconnaître la certitude, et constater la non-existence de ces cercles dans toutes les expériences du trait dispersé, et par analogie de celles qui concernent les objets vus au travers des prismes.

Je dis que dans le système de l'auteur anglais, un des cercles devrait paraître tout entier; il semblerait que je considère ces cercles comme autant de surfaces solides, sans faire attention que les rayons de ces couleurs rentrent les uns dans les autres. On ne saurait cependant me faire d'objection à cet égard, sans la faire en même-temps aux Newtoniens, à qui je demanderais ce qui doit résulter de ce mélange, et si chacune des couleurs qui paraissent dans le spectre peut être essentiellement appropriée à chacune des espèces de rayons ? Si l'on excepte une très-petite partie de chaque extrémité, à cause de la multitude prodigieuse des rayons de différente réfrangibilité, tout le reste serait mélangé:

être masqué par d'autres; ainsi une des sept couleurs paraîtrait contenue dans un cercle parfait. Chaque couleur ne devrait pas même occuper, dans sa plus grande hauteur, une étendue égale à la moitié de la largeur de l'image, par cette raison, que si la circonférence de l'un de ces cercles passait par le centre d'un autre, ils laisseraient extérieurement entr'eux deux angles beaucoup trop sensibles pour n'être pas aperçus. Il est vrai que pour rendre raison de la régularité des côtés rectilignes on suppose encore autre chose.

« D'ailleurs, imaginez qu'il y a d'autres cercles in-
» termédiaires innombrables, que d'innombrables
» espèces intermédiaires de rayons peindraient
» successivement sur le plan si le soleil envoyait
» tour-à-tour chaque espèce; mais comme il les
» envoye toutes à-la-fois, elles peignent une mul-
» titude innombrable de cercles égaux qui, placés
» à la suite les uns des autres suivant leurs degrés de
» réfrangibilité, forment l'image oblongue PT ».

---

par conséquent, si l'on voulait me représenter que la couleur du cercle dont je parle, quand il serait posé superficiellement sur les autres, devrait être altérée par les rayons d'autres couleurs qui arrivent en même-temps et de même lieu à l'œil de l'observateur, je demanderais aux Newtoniens s'ils sont bien sûrs que la couleur, soit bleue, soit jaune, etc., n'est pas le produit de plusieurs combinaisons, et si tous les rayons mêlés ne sont pas nécessaires pour en exciter la sensation? De quelque manière que la question soit décidée, j'y gagnerai toujours.

Il devrait donc paraître d'autres couleurs à la place de ces angles; cependant il y a certaines couleurs dans le spectre qui occupent un espace plus grand que la moitié de la largeur, puisque la longueur de l'image, trouvée de 10 pouces $\frac{1}{4}$, se partage entre sept cercles égaux, et qu'en supposant les couleurs égales, elles pourraient occuper chacune un espace de plus d'un pouce $\frac{1}{4}$, et la largeur de l'image qui égale le diamètre de ces cercles n'est que de 2 pouces $\frac{1}{8}$. Les couleurs occupant une plus grande étendue chacune que la moitié du diamètre des cercles sous lesquels elles sont censées tomber, d'autres couleurs se montreraient dans les grands angles curvilignes rentrans qu'ils laissent entre eux. Mais les couleurs étrangères se montreraient encore plus ostensiblement, lorsque par suite du mouvement du prisme le spectre acquiert près de deux pieds d'étendue. Il se trouve alors de la place pour plus de dix cercles entiers. Il est inutile de faire observer qu'on chercherait vainement dans l'image colorée la trace de toutes les particularités que je viens d'énoncer, et que les sept couleurs se distribuent exclusivement toute la longueur du spectre quelle qu'elle soit.

Pour chercher ce qu'on doit croire de l'inclinaison des rayons extrêmes du faisceau réfracté, je pensai que si l'on interceptait avec un corps mince et opaque les rayons à leur incidence sur la première surface du prisme, soit en K, soit en L, chaque couleur devrait perdre une quantité égale à la partie interceptée, si toutefois l'hypothèse newtonienne était vraie; puisque chaque couleur tombe, dit-on, sous un espace orbiculaire dont le diamètre est égal à la largeur du faisceau avant la réfraction, tous les cercles doivent être concentriques et doivent coïncider parfaitement; ainsi en interceptant en K ou en L une partie des rayons, la moitié par exemple, on doit intercepter une égale partie de chaque couleur, et l'image oblongue doit paraître entre-coupée d'ombres, ou bien ces espèces intermédiaires qui concourent à former les côtés rectilignes paraîtront à la place des portions supprimées.

Je ne m'attendais pas à voir arriver rien de semblable; mais considérant que, dans les rayons qui passent par le trou, les uns se croisent avant leur incidence sur le prisme, les autres ne doivent se couper qu'après leur émergence, je songeai que le corps opaque en avancant de K vers L, devrait produire deux ombres, l'une partant de l'extrémité supérieure de l'image, l'autre de l'extrémité inférieure, ce que je vais essayer de faire comprendre.

Soit X V (*fig.* 4) le diamètre du soleil; F G un trou fait au volet de la chambre obscure; B C le côté d'un prisme disposé pour recevoir et réfracter les rayons solaires. Tous les rayons qui peuvent passer par le trou F G, et qui tombent sur la surface BC, sont compris dans les lignes Y K, Y N, X L, X M, qui doivent former quatre pyramides dont le diamètre du soleil est la base et dont les sommets sont placés à différentes distances du trou; l'une doit avoir le sien avant l'introduction des rayons qui la composent : deux autres ont chacune le leur à une extrémité du trou; la quatrième enfin doit porter son sommet en-deçà du trou.

Dans l'expérience newtonienne, le diamètre du trou F G est de 4 lignes; par conséquent, le point de concours des deux rayons qui forment les côtés de la quatrième pyramide est à 3 pieds du volet, puisque 4 lignes sont la grandeur de l'ouverture d'un angle de demi-degré à pareille distance. Or, si le prisme est opposé dans l'intervalle des 3 pieds, les rayons extrêmes de cette pyramide ne se seront pas encore croisés à leur incidence en M et N : c'est pourquoi, si j'intercepte les rayons vers K, et que j'avance un peu le corps opaque, il doit paraître une ombre en K′, et une en M′, c'est-à-dire, une à l'extrémité supérieure de l'image; l'autre, non pas à l'extrémité, mais dans la partie inférieure; et ces ombres doivent marcher à la rencontre l'une de l'autre si je continue d'avancer l'obstacle.

Afin d'éviter la confusion que ces deux ombres

devaient nécessairement apporter, comme dans l'image circulaire que formerait le trait direct, il se trouverait une pénombre, c'est-à-dire un bord extérieur qui n'est pas autant éclairé que le centre, ensorte que la partie N′ M′ (*fig.* 4), reçoit des rayons des quatre pyramides, tandis que N′ K′ ou M′ L′ n'en reçoit que de deux; si l'on pouvait trouver le moyen d'éteindre cette pénombre, le centre N′ M′ compris entre les rayons qui ne se sont pas croisés avant leur incidence, paraîtrait affecté de l'ombre du corps opaque dans un seul endroit. Pour cela j'exposai un prisme à découvert aux rayons solaires qui entraient librement par une fenêtre dans une chambre fortement éclairée. (On doit penser que cela ne change rien pour la longueur du spectre, puisqu'on a vu précédemment que la grandeur du trou ne produisait aucune différence; le côté du prisme, dans cette occasion, peut être considéré dans sa hauteur comme le diamètre du trou; tous les petits cônes dont les sommets viennent tomber sur les différens points de la surface n'en ont pas moins un demi-degré d'ouverture aussi-bien que celui qui les embrasse tous et dont les rayons arrivent aux deux bords du côté du prisme).

Pour assurer les résultats que je cherchais dans l'expérience, pour diminuer autant que possible la pénombre et l'empêcher de me nuire dans le cas où elle ne serait pas entièrement éclipsée, j'employai un prisme qui avait un angle de 45°, et dont le côté, diminué par des bandes de papier collées sur les arrêtes, afin d'éviter les réfractions des biseaux qui se trouvent même dans les meilleurs prismes, laissait au plus 5 lignes pour le passage de la lumière. Ces deux précautions étaient nécessaires; car la largeur de la pénombre devait dépendre de la hauteur de la surface du prisme, comme elle dépend aussi du diamètre du trou fait au volet de la chambre obscure. En second lieu, les différentes grandeurs des angles réfringens influent sur la longueur du spectre. Un plus grand angle donne une longueur plus étendue, et cette dernière ne peut varier sans que la pénombre ne change dans la même proportion.

Les choses étant ainsi disposées, quand j'interceptais les rayons de la partie supérieure du faisceau incident, l'ombre paraissait à la partie inférieure T de l'image P T. Réciproquement les rayons inférieurs étant supprimés avant leur incidence, l'ombre s'observait en P à la partie supérieure de l'image.

Il me semble donc hors de doute que les extrêmes violets et les extrêmes rouges ont entre eux l'inclinaison qui mesure toute la longueur de l'image; que ces rayons sont les mêmes que les rayons extérieurs du faisceau incident, et qu'il ne paraît en aucune manière que chacun se soit divisé pour se porter à plusieurs points à-la-fois; car l'ombre du corps opaque ne se faisait voir qu'en un seul endroit. Ainsi il est évident que les rayons ont changé leur angle d'un demi-degré, en un autre plus considérable; mais jusqu'ici le voile dont la cause s'enveloppe, ne permet pas encore de tirer une autre conséquence.

Lorsqu'un prisme quelconque est exposé tout à découvert aux rayons libres, une partie de ceux qui tombent sur la face opposée à l'angle réfringent que je suppose tourné en bas, ne pénétrant pas le verre, ils se réfléchissent et vont projeter sur le mur une image blanche dont la longueur est parallèle à celle du prisme. Si l'on plonge la main dans les rayons avant leur incidence, en tenant les doigts écartés les uns des autres, on distingue plusieurs cercles dans l'image acolore. Ces cercles sont égaux, et démontrent ce que j'ai avancé, que chaque point de la surface correspond au sommet de l'un de ces cônes, dont l'ouverture est égale à l'angle qui mesure le diamètre du soleil. S'il était vrai que, dans le spectre coloré de nos expériences, de pareils cercles existassent encore, la même opération produirait le même effet, et dégageant ces cercles les uns des autres par la suppression d'une multitude d'autres intermédiaires et superposés, donnerait à l'hypothèse des rayons différemment réfrangibles une solidité difficile à détruire. Cependant au-lieu de cercles on aperçoit des figures allongées entrecoupées d'ombres parallèles et égales à la longueur de l'image. Jamais cercle ni rien de semblable ne paraîtra dans cette circonstance.

Puisque nous tenons le prisme à angle de 45°, dont Newton s'est servi dans la neuvième et la dixième expériences, et qu'il est très-propre à nous guider dans une route si difficile, nous allons examiner en quoi les effets qu'on obtient par leur secours peuvent être favorables aux rayons de nature hétérogène. Avant tout, je dois faire une observation.

Dans le faisceau réfracté, les rayons qui donnent le violet émergent en toute occasion beaucoup plus obliquement que ceux qui produisent le rouge. Ainsi, quel que soit le système qu'on adopte, on ne peut disconvenir qu'ils sont également plus obliques que tous les autres à la deuxième surface intérieure du prisme.

Neuvième Expérience newtonienne.

« Après avoir fait passer à travers un prisme » A B C (*fig.* 5.) [dont les angles B et C à la » base étaient de 45°], le faisceau solaire F M, de » manière qu'il tombât perpendiculairement à la » première surface A C, se réfléchit en M à la base » et sortit perpendiculairement à la seconde sur- » face A B ; je tournai lentement le prisme sur son » axe jusqu'à ce que tous les rayons qui avaient

» été réfractés par un des angles C eussent com-
» mencé à se réfléchir à la base, d'où jusqu'alors
» ils avaient émergé du prisme; et j'observai que
» les rayons les plus réfractés M H étaient aussi
» les premiers à se réfléchir totalement. De là je
» conjecturai que les rayons les plus réfrangibles
» se trouvaient d'abord en plus grand nombre que
» les autres dans la lumière réfléchie où les autres
» se trouvaient ensuite en aussi grand nombre.
» Pour vérifier cette conjecture, je fis passer le
» faisceau réfléchi M N à travers un second prisme
» V X Y, et je le fis tomber à quelque distance sur
» une feuille de papier blanc, où les couleurs ordi-
» naires du spectre se peignaient au moyen de cette
» nouvelle réfraction. Après quoi, tournant le
» prisme sur son axe, suivant l'ordre des lettres
» A B C, j'observai que les rayons violets et les
» rayons bleus M H, qui avaient souffert la plus
» grande réfraction, sortaient toujours plus obli-
» quement. Dès qu'ils commencèrent à être tota-
» lement réfléchis, la lumière bleue et violette N P
» projetée sur le papier, et qui était la plus réfractée
» par le second prisme, reçut un accroissement
» sensible, et domina sur le rouge et le jaune dont
» les rayons N T étaient moins rompus; puis lors-
» que le reste des rayons, savoir : les verts, les
» jaunes et les rouges M G commencèrent à être
» totalement réfléchis par le premier prisme, les
» couleurs analogues peintes sur le papier, reçurent

» un aussi grand accroissement que celui qu'avaient » reçu la violette et la bleue ; d'où il suit évidemment que le faisceau M N des rayons réfléchis » par la base du prisme étant augmenté d'abord » par les plus réfrangibles, puis par les moins réfrangibles, est composé de rayons de réfrangibilité différente. Or, que cette lumière réfléchie soit de même nature qu'elle était avant son » incidence à la base du prisme, c'est sur quoi » personne n'éleva jamais le moindre doute, tout » le monde tombant d'accord qu'une pareille » réflexion n'apporte aucun changement à la » lumière, ni dans ses propriétés, ni dans ses » modifications. Je ne considère point ici la réfraction de la lumière aux surfaces du premier » prisme ; il est évident qu'elle y est nulle puisque » la lumière y entre et en sort perpendiculairement. Or, la lumière incidente du soleil étant de » même nature que la lumière émergente, doit être » pareillement composée de rayons différemment » réfrangibles ».

Dans toutes les inclinaisons possibles, parmi les rayons qui arrivent à la surface qui sépare deux milieux de densités différentes, un grand nombre trouvent au point d'incidence un obstacle insurmontable. Tombés sur une foule de points du corps opposant, un grand nombre rejaillissent et s'éparpillent dans tous les sens et dans toutes les directions; la vision nous en fournit la preuve. Mais indépendamment de cette réflexion, qu'on appelle ordinairement irrégulière, quoiqu'elle puisse bien être soumise aux mêmes lois que celle dont nous mesurons les angles, il en existe une autre qui ne disperse pas les rayons d'un trait lumineux. Plus est rare le milieu qu'ils rencontrent, plus cette dernière réflexion est abondante, et plus tôt elle se fait remarquer. A l'égard des rayons qui passent du verre dans l'air, il serait difficile de fixer précisément le moment et l'inclinaison où cette réflexion commence; cependant une observation constante la trouve déjà bien sensible, lorsque le faisceau a 30° d'incidence. L'augmentation d'obliquité produit une augmentation considérable dans l'intensité de la lumière réfléchie, et lorsque les rayons déclinent de la perpendiculaire de 40° à 41°, tous sont réfléchis. La raison que je pourrais donner de ce phénomène, tenant au principe de la réfraction et de la réflexion, rentre nécessairement dans la classe des hypothèses que je veux éviter dans cette partie de mon ouvrage. Je m'en tiens au fait pour le moment, et je considère seulement que les rayons qui se trouvent réfléchis, lorsque d'autres sont réfractés, ne se sont pas trouvés sous les les mêmes conditions que ceux-ci, et qu'une modification différente annonce une chance différente. Je ne crois pas aller, en cela, plus loin que les bornes que je me suis prescrites ; et je me fonde, au reste, sur cet axiôme incontestable, qu'une même cause produit nécessairement un même effet. Ma supposition, si c'en est une, repose sur une base assez solide pour me laisser l'espoir qu'elle ne sera par rejetée du plus grand nombre.

Je ne cherche point assurément à contester que cette lumière réfléchie à la base du premier prisme ne soit de même nature que celle qui se réfracte ; personne mieux que moi n'est d'accord sur ce point. Mais ce dont je ne conviens pas si facilement, c'est que le faisceau incident soit perpendiculaire sur la première surface ; car il est composé d'une quantité prodigieuse d'angles de demi-degré, et nous n'avons pas eu jusqu'ici sujet de décider que cette légère inclinaison des rayons entre eux doive être comptée pour rien, puisque nous ignorons encore dans quel rapport elle entre dans la composition du nouvel angle de 41 ½ qu'obtiennent les rayons émergens. Je suis donc en droit d'établir que les rayons qui sont tombés sur la base B C du premier prisme, n'ont pas la même incidence, et que si l'on tourne le prisme suivant A B C, les rayons qui commenceront les premiers à quitter la partie réfractée pour le réfléchir, sont ceux qui sont le plus inclinés sur B C. Arrêtons-nous un moment pour faire une remarque sur le texte cité.

« De là je conjecturai que les rayons les plus

» réfrangibles se trouvaient d'abord en plus grand
» nombre que les autres dans la lumière réfléchie ».

C'était au-moins ce qui devait assurer la vérité de l'hypothèse newtonienne; cependant la suite prouve assez que cette conjecture n'avait qu'un fondement imaginaire, puisque le trait réfléchi, réfracté par un second prisme, produisit une image qui portait comme à l'ordinaire les sept couleurs constamment observées. Or, puisqu'il n'y a pas lieu à aucune conclusion favorable au système de l'auteur, tout ce qui suit cette phrase n'a donc pas pour objet la lumière qui se réfléchit à la base avant le mouvement du prisme. On veut en effet prouver que les rayons réputés les plus réfrangibles sont aussi les plus réflexibles, et il se trouve des rayons plus et moins réfrangibles dans le trait acolore. Celui-ci ne saurait décider la question, dont la solution dépend probablement des rayons qui disparaissent du faisceau M H par suite du mouvement du premier prisme, suivant l'ordre des lettres A B C.

Cet éclaircissement était nécessaire pour arriver à cette autre phrase.

« Je ne considère point ici la réfraction de la
» lumière aux surfaces du premier prisme; il est
» évident qu'elle y est nulle, puisque la lumière y
» entre et en sort perpendiculairement. Or, la lu-
» mière incidente du soleil étant de même nature

» que la lumière émergente, doit être pareillement » composée de rayons différemment réfrangibles ».

Il y a dans tout ceci une ambiguité singulière qui confond avec le trait acolore primitif le trait augmenté des rayons nouvellement réfléchis ; car le mot *perpendiculairement* rappelle le premier ; et cependant on sent, par ce que je viens de dire, qu'il ne peut être question que du second, quoique sa perpendicularité cesse du moment que le mouvement commence. Au surplus, cette prétendue perpendicularité n'existe pas lorsqu'une partie des rayons émergent par la base au point M. Il est contre toute expérience et contre la loi qui établit le rapport 11 à 17 pour celui des sinus d'incidence et de réfraction des rayons qui passent du verre dans l'air, qu'aucune partie du faisceau qui fait un angle de 45° sur la base B C, puisse être réfractée comme M H. Le plus grand angle sous lequel des rayons incidens sur B C puissent se réfracter, étant 40° 19′, ceux qui pouvaient l'être à la rigueur devaient avoir 4° 41′ pour angle de réfraction, et par conséquent 7° 15′ pour angle d'incidence sur la première surface du prisme. Ainsi, premièrement le faisceau incident est composé de rayons qui ont entre eux une inclinaison d'un demi-degré, et secondement il n'est pas perpendiculaire ; il se réfracte à la première surface, et dans l'hypothèse même, les violets ne se réfléchiraient à la base avant les rouges, que parce qu'ils y tomberaient plus obliques.

Joignons, s'il le faut, des preuves matérielles aux raisons tirées de lois et de calculs reconnus certains. L'image qui résulterait d'une seule réfraction devrait être moins grande que celle dont les rayons se brisent deux fois dans le même sens; et dans la proposition newtonienne, le moment où le trait solaire traverse sans déviation la première surface, et commence à se réfracter en M, devrait être celui où l'image est plus courte: c'est précisément l'instant où elle est la plus longue possible; car si l'on tourne le prisme suivant A C B au-lieu de A B C, la longueur de l'image ne fait plus que diminuer.

Les rayons tombés obliquement sur la première surface s'y réfractent, se réfléchissent à la base et tombent aussi obliquement sur le côté A B, où ils se réfractent encore. En vertu de l'égalité des angles de réflexion et d'incidence et en vertu du quatrième axiôme, ils affectent la même inclinaison qu'ils avaient à leur incidence sur A C. Mais il arrive que la réflexion à la base intervertit l'ordre des rayons, en sorte qu'à leur émergence ils sont placés différemment qu'ils l'étaient à leur incidence sur A C: S M (*fig. 5*), qui passait d'abord près de l'angle A, se trouve en être le plus éloigné, comme M N, lorsqu'il émerge du côté B A, par suite de la réflexion en M; et les rayons violets, s'il en fut jamais, qui se seraient écartés de ce rayon par la première réfraction, devraient se réunir à M N, ou passer parallèlement derrière. Les rouges de S A comme moins obliques que les violets du *même rayon*, se porteraient en avant de Q K. Or, il faut savoir que le trait acolore va projeter, au plafond, une image bordée de rouge en N, précisément où devrait tomber le violet de l'hypothèse et de bleu en K, qui est la place du rayon rouge moins réfrangible.

On oppose un nouveau prisme V X Y au trait acolore émergent : la position que lui donne l'auteur n'est pas indifférente : l'angle réfringent V est tourné vers N (du côté que M. Mariotte appelle la convexité du faisceau). Il se forme en *tp* une image colorée semblable à celle en H G; le rouge est en *t*, le violet en *p*. Actuellement que tout est ainsi disposé, qu'on intercepte les rayons sur la première surface du premier prisme, soit vers l'angle A, soit vers l'angle C, les rayons rouges sont devenus violets, les violets sont devenus rouges : le même obstacle qui fait disparaître les rayons en H (ce sont les violets), les intercepte en même-temps en T (ce sont les rouges), et réciproquement.

On peut supprimer le deuxième prisme et se procurer des résultats aussi certains. Au-lieu de recevoir le faisceau sur le côté A C, qu'il soit incident sur la base C B (*fig.* 5[a]); il se réfléchira sur A B vers l'autre côté A C; et comme l'inclinaison de ce dernier n'est pas la même que celle de B C, le rayon réfléchi qui sert d'hypothénuse à l'angle droit A est plus oblique en O qu'en D : il s'y réfractera beaucoup plus qu'il n'a fait à son incidence, et sa nouvelle réfraction surpassera tellement la première, qu'elle détruira non-seulement son effet, mais en produira un tout contraire, en sorte que l'image qui résultera sera de plus de 6 pouces à 10 pieds, et pòrtera distinctement toutes les couleurs, si le prisme est d'un vert fin. Mais leur ordre est renversé et prouve incontestablement que toute espèce de rayon solaire est propre à former indifféremment telle ou telle couleur, pourvu qu'il se trouve dans les conditions requises à cet effet, conditions que nous tâcherons de reconnaître par la suite.

On voit au premier coup-d'œil que Newton pouvait prolonger l'illusion en changeant la position du second prisme VXY, en sorte que l'angle réfringent, au-lieu de répondre en N, fût tourné vers K. Les rayons qui avaient d'abord produit le violet en H par la première réfraction au point M, l'eussent encore produit une seconde fois par l'opposition du nouveau prisme.

Cherchons à quel signe Newton put reconnaître qu'aussitôt la réflexion des rayons M G, le violet de l'image *tp* reçut un accroissement. Il serait ridicule de penser que l'intensité de la lumière pût lui servir de règle à cet égard : ce moyen, beaucoup trop équivoque, serait trop facile à récuser. Il faut supposer que l'image tp fît un mouvement en avant de p où tombent les violets, et augmenta en même-temps. C'est en effet ce qui dut arriver, lorsqu'en tournant le prisme rectangulaire ABC, le faisceau émergent en BA devint moins oblique et coula le long de la première surface NY du second prisme. Il est hors de doute que ne songeant pas à ce mouvement du faisceau réfléchi, l'auteur saisit avidement cette circonstance pour l'adapter à son systême ; mais néanmoins il est également indubitable que le fait ici combat victorieusement l'hypothèse des sept rayons différemment réfrangibles, puisqu'on voit les mêmes rayons produire les deux couleurs extrêmes.

Sur la dixième Expérience newtonienne.

La dixième expérience n'est qu'un accessoire qui, loin de contrarier mon opinion, la confirme de toutes les manières : elle ne diffère de la neuvième qu'en cela seulement qu'au-lieu d'un seul prisme rectangulaire on en ajoute un autre dont on oppose la base à celle du premier, pour former par leur assemblage un parallélipipède. Les rayons qui ne sont pas d'abord réfléchis sortent par le côté du parallélipipède opposé à celui de leur incidence dans une direction parallèle aux rayons incidens et à-peu-près acolores. Un troisième prisme les reçoit et les réfracte pour en former une image colorée ;

et si l'on joint à cet appareil le prisme VXY de la neuvième expérience pour recevoir le faisceau réfléchi sur la base, on pourra, par la position de l'angle réfringent des deux derniers prismes, faire en sorte que les rayons qui doivent former le rouge dans l'image dont les rayons ont traversé tout le parallélipipède, aillent à volonté former le rouge ou le violet dans la seconde image, et prouver ainsi par un même phénomène, que les rayons qui diffèrent en couleur, ne sont ni plus réfrangibles ni plus réflexibles, ni plus immuables les uns que les autres.

La théorie des couleurs que produit la lumière repose donc actuellement sur la solution d'un seul problème : les rayons qui comprennent entre eux avant leur incidence, un angle d'un demi-degré, reçoivent dans le prisme une divergence bien plus grande! Par quelle cause et suivant quelle loi peut avoir lieu un fait si extraordinaire, mais pourtant réel? c'est un mystère que nous ne pouvons pénétrer qu'à la longue, et que par l'investigation des circonstances qui l'accompagnent; et puisque les données que nous avons jusqu'ici ne sont pas encore suffisantes pour nous mener droit au point essentiel, cherchons à découvrir le terrain à l'entour, et le dépouiller de tout ce qui l'ombrage, afin d'étrécir au-moins l'espace où la difficulté se retranche, si toutefois nous ne finissons pas par l'obliger à se livrer à notre discrétion.

Nous avons vu que les rayons qui forment sur le mur cette figure oblongue, nuancée de diverses couleurs, s'étaient entre-coupés, soit avant leur passage dans le prisme, soit ensuite de leur émergence, ce qui démontre que si le spectre est l'image dilatée du soleil, cette image est renversée, et que les rayons qui sont partis du bord supérieur de l'astre, produisent le rouge, tandis que ceux qu'il envoie de son bord inférieur produisent le violet. Cette observation est le lien naturel des expériences faites sur le pinceau direct réfracté, et de celles qui ont pour objet la vision des corps avec un prisme.

Quatrième Expérience newtonienne.

« Ayant reçu le trait solaire, introduit dans la
» chambre obscure, sur un prisme placé à quel-
» ques pieds du volet, de manière que l'axe fût
» perpendiculaire aux rayons incidens, je regardai
» à travers le prisme, le tournant de part et d'au-
» tre sur son axe, pour faire monter et descendre
» l'image du trou. Lorsqu'elle me parut station-
» naire, je fixai le prisme afin que les réfractions
» aux deux côtés de l'angle réfringent fussent égales;
» puis examinant l'image réfractée du trou, j'ob-
» servai que sa longueur surpassait de beaucoup sa
» largeur, et que la partie la plus réfractée parais-
» sait violette, que la moins réfractée paraissait

» rouge, et que les parties intermédiaires parais-
» saient bleue, verte, jaune.

» Les mêmes phénomènes reparurent lors-
» qu'ayant porté le prisme à l'œil, je regardai le
» trou éclairé par la lumière du ciel. Or, si les
» rayons se réfractaient régulièrement, suivant cer-
» tain rapport entre les sinus d'incidence et de ré-
» fraction, comme on le suppose communément,
» l'image réfractée serait ronde ».

Il est vraisemblable que les rayons que les corps réfléchissent n'ont pas un autre mode de direction que ceux qui émanent du soleil ; et puisque sur chaque point de la surface d'un prisme exposé à la lumière libre, s'appuie le sommet d'un cône dont la base repose sur tout le disque de l'astre, les rayons qui partent de toutes les parties des objets doivent aussi se réunir sur chaque point du corps opposé, pour y former autant de sommets de pyramides dont ils sont eux-mêmes la base. Les rayons qui partent des bords du trou qui livre passage au faisceau solaire, ne se comportent pas différemment ; d'où il résulte que ceux qui doivent former les quatre principales pyramides semblables à celles de la figure 4, se croisent avant, pendant ou après leur réfraction. L'image du trou se renverse, et c'est du-moins dans cette position qu'elle paraîtrait assurément sur un plan qui recevrait les rayons à leur émergence. A cause du mécanisme de la vision qui renverse sur la retine les images des objets pour que nous puissions les voir droits, et rapporter chaque partie dans son véritable lieu, on ne verrait pas le trou dans sa position naturelle, si les rayons efficaces étaient ceux qui se croisent avant l'incidence : car, redressée dans les humeurs de l'œil, l'image se trouverait à contre-sens de ce qu'elle doit être pour que le trou puisse paraître droit. Ainsi, les rayons qui doivent en cette occasion apporter l'image de l'ouverture faite au volet, sont ceux qui ne doivent se croiser qu'après leur émergence, et qui, se trouvant d'ailleurs moins dilatés, sont plus propres à nous en procurer la vision distincte. Ils arrivent à l'œil comme s'ils venaient du corps, avec cette différence, qu'ils s'appuient sur l'espace du prisme où la pyramide a son lieu d'émergence, et que la réfraction en change la direction et déplace l'objet. C'est donc une nécessité que le bord supérieur du trou paraisse rouge et son bord inférieur violet. Le contraire aurait lieu dans l'hypothèse des sept rayons différemment réfrangibles, parce qu'il y aurait autant de pyramides différentes qu'il y a de différentes espèces, et que la pyramide des violets s'élevant plus que les autres, occuperait sur le prisme la partie correspondant au bord supérieur du trou.

Il est à remarquer que cette apparence très-sensible de dilatation, qui n'a pas échappé au philosophe anglais, n'est pas un caractère qui puisse convenir à l'hypothèse qui suppose les différentes espèces de rayons comprises dans autant de cercles dont le diamètre est égal à la largeur du trou. Des cercles égaux qui ne font que se séparer les uns des autres et se disposer sur une seule ligne, ne peuvent donner qu'une figure très-régulière; ils ne sont pas plus dilatés les uns à l'égard des autres, puisqu'ils ne doivent recevoir aucune altération dans leur forme.

Il n'est peut-être pas moins intéressant de rapprocher du 5.e axiôme, cette phrase que nous avons transcrite plus haut : « Or, si les rayons se réfrac-
» taient régulièrement suivant certain rapport en-
» tre les sinus d'incidence et de réfraction, comme
» on le suppose communément ».

« *Ve Axiôme.* Le sinus d'incidence est au sinus
» de réfraction en raison donnée exactement ou à
» très-peu près »... « Quant aux rayons de toute
» autre couleur, les sinus ont d'autres proportions;
» mais la différence est si petite qu'il est rarement
» nécessaire d'en tenir compte ».

Des franges colorées qui bordent les objets vus à travers un prisme.

Ces couleurs, qui brillent aux extrémités des objets qu'on regarde au travers d'un prisme, sont un phénomène aussi curieux pour un simple observateur, qu'il est digne de l'attention du philosophe.

Ce charmant spectacle méritait bien la peine d'être signalé plus au long que ne l'a fait notre auteur, puisque, de toutes les expériences sur la lumière, c'est celle qui se trouve le plus à la portée de tout le monde, en ce qu'elle n'exige aucune précaution et aucun autre appareil qu'un prisme. Mais, rejetés bien loin de peur qu'un fait de cette nature ne puisse nuire à son hypothèse, le peu de mots qu'il lui consacre dans la huitième proposition, laissent entrevoir, par une extrême réserve, le peu d'espérance qu'il avait de le ranger parmi les faits qui découlent naturellement de son système.

Les objets vus à travers un prisme paraissent bordés de couleurs semblables à celles qu'on obtient de la réfraction du pinceau solaire, avec cette différence qu'elles semblent placées dans un ordre inverse. Le rouge qui dans le faisceau réfracté occupe le bas de l'image, se montre au contraire au bord supérieur du corps qu'on a en vue. Le jaune le suit immédiatement; mais le violet, le bleu et le vert occupent la partie inférieure. Il en est ainsi lorsque l'angle réfringent est tourné en bas; et tout change lorsque cette position de l'instrument est renversée: le rouge a disparu du bord supérieur, et se retrouve au bord inférieur au-lieu du violet qui a pris la place du rouge. Au reste, dans ces deux cas, qui n'en font essentiellement qu'un, puisque le lieu des différentes franges est toujours déterminé invariablement par la position de l'angle réfringent, les couleurs ne suivent pas leur ordre prétendu de réfrangibilité; en effet, l'ordre qui leur conviendrait le mieux dans chaque cas, serait précisément celui du cas contraire.

Ne semblerait-il pas néanmoins que tout est rentré dans l'ordre lorsque l'angle réfringent est élevé, puisque le rouge, comme dans l'image, est en bas, et le violet en haut. Newton paraît prendre le change à cet égard; toutefois il est bon d'observer que dans presque toutes ses expériences, la position de son prisme est celle que j'ai indiquée pour le premier cas, et que cependant il n'est pas du tout fait mention des objets vus de cette manière. Il est vrai (ce qui semble excuser sa méprise), que les rayons émergens, arrivant à l'œil de haut en bas, déplacent le spectre du corps, et le font voir plus haut que son vrai lieu en raison d'une des lois principales de l'optique, qui s'oppose à ce qu'on puisse voir les objets ailleurs que dans la direction du dernier rayon qui vient à l'œil; mais c'est une illusion qu'il est facile de rectifier, puisqu'on sait que si la vision élève l'image, ce n'est que parce que la réfraction l'avait abaissée, ce qui paraîtrait sans équivoque si les rayons émergens étaient reçus sur un plan au-lieu de l'être dans l'œil.

Les rayons efficaces ne peuvent être, suivant les raisons que nous avons déduites précédemment, que ceux qui ne se sont pas croisés avant ni pendant leur passage dans le milieu à surfaces inclinées; ils sont compris dans une principale pyramide qui, dans l'opinion newtonienne, se sépare en autant d'autres qu'il y a d'espèces de couleurs. Déjà distinguées par la première réfraction à la surface antérieure, ces pyramides viennent projeter sur l'autre surface l'image du corps en un plan raccourci, qui porte à ses bords homologues, comparés à ceux de l'objet, d'autres couleurs que celles qui paraissent dans l'expérience, en vertu de lois imaginaires qui dégagent les rayons plus réfrangibles de ceux qui le sont moins, et dégagent en même-temps chaque extrémité des limites de la pyramide commune. En sorte que si l'on fait attention que les rayons qui produisent ici la vision ne s'appuient plus sur le corps, mais sur l'espace que les différentes pyramides séparées déterminent sur la deuxième surface du prisme, on jugera qu'en suivant la route de deux rayons partis du centre de la pupille, et qui embrassent l'étendue qu'occupe le plan lumineux du corps sur la surface postérieure, on trouverait (le prisme ayant son angle réfringent tourné en haut) que l'on doit passer par la partie violette qui correspond au bord inférieur du corps, et l'autre par le bord éclairé de rouge, autrement par le côté homologue du bord supérieur. Cet inconvénient ne saurait avoir lieu que dans l'hypothèse des rayons de différente réfrangibilité, puisque dans la pyramide dont les rayons ne se sont pas croisés, ceux qui doivent produire le violet sont toujours ceux qui passent le plus près de l'angle réfringent.

Si l'objet qu'on regarde est grand, et vu de près, les couleurs ne paraissent qu'aux bords ; mais elles s'élargissent à mesure qu'on s'éloigne ; au-lieu que s'il est petit, et vu de loin, il est coloré dans toute sa surface. La cause de cet effet est donnée par les changemens qui surviennent dans la longueur du spectre quand les rayons arrivent à la seconde surface du prisme, plus ou moins obliquement. S'ils y sont aussi obliques qu'il est possible (ce qui n'a lieu que lorsqu'ils se trouvent dans leur moindre inclinaison, relativement à la première surface réfringente), l'image est dans ses plus grandes dimensions : par une raison contraire, elle est dans ses plus étroites limites lorsque ce sont les rayons incidens qui s'inclinent davantage à leur surface.

Qu'on suppose l'objet fixe, et le prisme toujours à la même hauteur, se portant à la rencontre de l'objet ou s'en éloignant ; plus il s'approche, plus les rayons tombent obliquement sur la première surface, et par conséquent plus il s'éloigne, moins ils y tombent inclinés. Les couleurs qui bordent le corps doivent donc diminuer ou s'accroître en raison de ces deux mouvemens.

Moins l'objet est grand, moins les rayons sont denses sur la surface du prisme qui ne change pas; et comme les couleurs ne sont produites que par une lumière dilatée dans certaines proportions; l'espace de la seconde surface étant la mesure de l'ouverture que peut avoir la pyramide qui vient à l'œil, circonscrit une masse de rayons beaucoup plus dense quand l'objet est grand que lorsqu'il est petit. En outre, la densité de la lumière étant en raison inverse du carré des distances, plus l'objet s'éloigne, moins la lumière se trouve concentrée entre les deux franges : ce qui, joint au principe précédent, doit augmenter considérablement les couleurs à chaque extrémité du corps qu'on a en vue lorsqu'on s'éloigne.

On observe encore deux autres effets dignes de remarque et qui n'ont pas trouvé d'explication dans l'hypothèse newtonienne. Le premier et le plus frappant, c'est la forme que prennent les objets un peu étendus, tels que le mur d'une chambre ou tout autre lorsqu'on les regarde avec un prisme; ils se courbent et forment un arc parallèle à la longueur du prisme. Je remets à un autre moment la solution de ce problême, qui doit former sur le fil propre à nous guider dans la recherche du fait principal comme un nœud destiné à marquer un point important.

L'autre effet consiste en ce que les grands objets éclairés fortement, indépendamment de cet arc dont je viens de parler, se courbent dans un autre sens, celui de la hauteur, et se portent en arrière par une flexion plus forte dans les parties les plus élevées. Il arrive tout le contraire dans cette circonstance, à l'égard de cette courbe, que ce qu'on observe relativement à l'arc parallèle. Si la surface des rayons incidens se relève, la convexité de ce dernier arc augmente, et ses extrémités s'abaissent considérablement; au-lieu que c'est alors que la courbe qui se trouve dans la hauteur de l'objet devient moins sensible. Mais aussi sa convexité paraît considérable lorsque cette même surface s'incline aux rayons incidens.

Il faut se rappeler que c'est dans le dernier cas, c'est-à-dire lorsque le faisceau solaire tombe le plus obliquement sur la première surface, que l'image diminue, ce qui ne peut avoir lieu que par la diminution de l'angle que forment entre eux les rayon extrêmes. La même chose arrive aux rayons qui mesurent la hauteur de l'objet grand qu'on examine; s'il est fortement éclairé, il arrive que malgré la perte qu'éprouvent les rayons dans le prisme, toutes les parties se distinguent aisément; et comme l'accourcissement qui doit résulter de cette diminution de l'angle optique n'a pas lieu ainsi que dans la perspective par une réduction proportionnelle des parties du corps, il suit nécessairement qu'une plus grande étendue de matière se trouve comprise dans un angle capable d'un moindre espace, de même qu'une courbe qui, déployée, soutendrait un plus grand angle que celui qui mesure sa hauteur. Alors chaque point se place à la distance qui répond à la densité de la lumière qu'il envoye au prisme; et puisque dans le cas dont il s'agit, la progression dans laquelle le nombre des rayons qui viennent à la surface de l'incidence décroît à mesure que cette surface se refuse, la courbe doit augmenter à chaque instant.

Il n'en est pas de même des objets d'une couleur sombre, et qui réfléchissent peu de lumière. Le même mouvement du prisme, qui oblige les objets bien éclairés à se pencher en arrière, ne produit dans les autres qu'une diminution qui les fait paraître comme affaissés, parce que les parties peu distinctes disparaissent dans la hauteur totale sans pouvoir saillir. La même chose arriverait à l'œil nu pour un corps noir et courbé vu dans l'obscurité; sa convexité s'éteindrait dans la longueur de la verticale. Les deux effets peuvent se trouver réunis dans un même objet, dans une fenêtre par exemple, où les vîtres sont éclairées, tandis que le châssis demeure dans l'ombre; on observe que malgré la courbure de la fenêtre entière, les portions des montants qui marquent les différens cadres des vîtres, semblent s'incliner carrément sans presque se courber, au-lieu que si l'on ne fait attention qu'au plan formé par une suite de carreaux, la courbe est plus régulière.

Un fait qu'il ne faut pas oublier, c'est la position respective des couleurs qui paraissent sur les bords des corps; elle nous sera d'un grand secours dans l'examen que nous sommes actuellement en état de faire de la première proposition newtonienne.

Première Proposition newtonienne.

« *Théorème* 1. — Les rayons qui diffèrent en » couleurs, diffèrent aussi en réfrangibilité ».

Première Expérience.

« Ayant pris un papier D G E (*fig.* 6) noir, » épais, oblong et terminé par des côtés parallèles, » je le distinguai en deux parties égales au moyen » d'une perpendiculaire F G; de ces parties je » peignis l'une G E en rouge, l'autre D G en bleu, » avec des couleurs foncées, afin que les phéno- » mènes fussent plus sensibles. Puis je regardai ce » papier à travers un prisme *a* B ou plutôt à travers » l'un de ses angles (que je nommerai angle réfrin- » geant) dont les deux côtés A B et B C, plans » et bien polis, étaient inclinés entre eux d'envi- » ron 60 degrés ».

« Le papier se trouvait devant une croisée » M N * parallèlement au prisme et à l'horizon, de » sorte que la lumière qu'il recevait de la croisée » et la lumière qu'il réfléchissait à l'œil faisaient

* La ligne transversale était perpendiculaire au plan de la croisée.

» des angles égaux. Au-delà du prisme le dessous
» de la croisée était tendu de drap noir, et le drap
» noir était entièrement dans l'obscurité, pour em-
» pêcher qu'il n'en vînt aucune lumière qui pût se
» mêler à celle que le papier réfléchissait, et obs-
» curcir les phénomènes. Les choses étant ainsi
» disposées, j'observai que si l'angle réfringent A *a*
» était tourné en haut, de sorte que l'image fût
» élevée par réfraction, la moitié bleue paraissait
» plus haute que la moitié rouge : mais si l'angle
» réfringent était tourné en bas, de sorte que
» l'image fût abaissée par la réfraction, la moitié
» bleue paraissait plus basse que la moitié rouge.
» Dans ces deux cas, la lumière bleue transmise à
» l'œil à travers le prisme souffrant une plus grande
» réfraction que la lumière rouge, est donc néces-
» sairement plus réfrangible ».

Il y a deux manières de faire cette expérience : la première consiste à placer la bande ainsi préparée sur un fond plus clair que les couleurs qu'elle présente, et alors tout se passe différemment de ce qu'il vient d'être rapporté. C'est-à-dire que si l'angle réfringent est tourné en haut, le bleu se trouve plus bas que le rouge, et qu'il est au contraire plus haut si l'angle réfringent est tourné en bas.

Dans la deuxième manière, la bande colorée repose sur un fond d'une teinte plus sombre, et c'est au moyen de cette précaution que les faits sont conformes à ce qu'on a vu dans l'énoncé précédent. Il est à présumer que c'est ainsi que l'auteur disposa son appareil, quoiqu'il n'en soit pas question : le drap noir dont il est fait mention ne devait pas se trouver sous la bande colorée qui était exposée au soleil, puisqu'il est dit ci-dessus que ce drap était tout entier dans l'obscurité.

L'explication des faits qui s'observent dans la première manière nous conduira sans peine à celle des faits de l'autre cas, que je suppose être celui dans lequel l'auteur s'est retranché.

Les corps qui réfléchissent le plus de lumière sont les corps blancs ; ceux des autres couleurs en réfléchissent plus ou moins suivant leur teinte, parce qu'ils absorbent une partie des rayons dans leur tissu. Les corps qui en absorbent davantage sont les noirs. C'est pourquoi si l'on place un corps noir sur un fond blanc qui le déborde, la faible lumière qui de la surface du premier arrive jusqu'au prisme, s'éteint par l'opposition de la lumière beaucoup plus vive qui part du fond blanc ; de sorte que l'ensemble de ces deux objets représente deux objets blancs séparés par un corps noir. Mais comme les couleurs qui paraissent en haut et en bas des objets vus au travers d'un prisme s'étendent toujours visiblement au-delà des extrémités, il arrive que la bordure colorée de la partie blanche supérieure descend sur le corps noir, et que celle de la partie blanche inférieure s'avance sur le même corps, qui paraît alors décoré de ces nuances. Cependant il est facile de s'apercevoir que ces dernières ne lui appartiennent pas : car, entre le rouge et le violet, on ne remarque aucune autre couleur; et d'ailleurs l'ordre de ces franges est différent de ce qu'il devrait être.

Si, au-lieu d'un corps noir, on place sur le même fond un autre objet d'une couleur sombre, un effet semblable aura lieu avec des caractères d'autant mieux prononcés, que la teinte de cet objet sera plus obscure. Ainsi, notre bande, dont on prit soin encore d'assombrir les couleurs, en les étendant sur du noir, sera couverte à ses extrémités de nuances qui lui sont étrangères. On va voir ce qui doit en résulter.

On sait que si l'angle réfringent est tourné en haut, le rouge se montre au bord inférieur, et le bleu au bord supérieur des objets : ainsi, au-dessus de la bande H G E (*fig.* 6), est censée se trouver l'extrémité inférieure d'un corps blanc G M'; le rouge qui doit y paraître allongera la moitié de la bande qui se trouve de cette couleur, tandis qu'elle éteindra un peu l'autre moitié de la bande dont la couleur diffère. L'extrémité inférieure D F I de la même bande est aussi censée avoisiner l'extrémité supérieure d'un autre corps blanc F N';

comme à cette dernière, il doit paraître du bleu, la moitié bleue reçoit un accroissement semblable à celui qu'obtient le rouge à l'autre bord, tandis que cette même moitié rouge pâlit et s'éteint par le bas, à cause du bleu qui tombe sur son extrémité inférieure.

C'est par ce moyen que les deux moitiés de la bande bicolore semblent séparées l'une de l'autre d'une quantité d'autant plus considérable qu'on s'éloigne davantage du papier, parce qu'alors les franges ou couleurs de réfraction doivent augmenter, ainsi qu'on l'a vu plus haut. C'est pourquoi, si H I est la moitié rouge, et F E la moitié bleue, la figure F′ G′ représentera la bande vue par réfraction, lorsque l'angle réfringent sera tourné en haut, D′ G′ ou le rouge paraîtra plus élevé que le bleu F′ E′. L'autre figure *fg* serait celle qu'on verrait si l'angle réfringent était tourné en bas.

Pour arriver au second cas, nous devons faire observer que si l'on expose aux rayons du soleil un corps quelconque (fût-il noir autant que possible), et qu'on placé le prisme oculaire de manière à recevoir des rayons réfléchis fort obliquement, comme suivant un angle de 15 ou 20°, on distinguera parfaitement le même nombre de couleurs que dans la lumière réfléchie par un corps blanc; on les y verra d'autant plus vives que la surface sera plus unie.

Si l'on reçoit sur le prisme des rayons moins obliques, les mêmes couleurs paraissent encore, quoiqu'avec moins de force.

Si nous conservons la position où le prisme a son angle réfringent élevé, pour examiner la bande bicolore placée sur un fond noir, et si nous nous rappelons que, dans cette situation de l'instrument, le rouge de réfraction borde toujours le bas des corps, tandis que le bleu en illumine le bord supérieur, nous concevrons aisément que par un principe semblable à celui de l'expérience précédente, la moitié rouge acquiert plus de ton et d'étendue à la partie basse par l'identité de sa teinte et de celle de la frange de réfraction. La partie bleue qui se trouve sur le même bord doit au contraire s'en trouver obscurcie.

A l'égard du bord supérieur où le bleu tient sa place naturelle, la moitié bleue reçoit un accroissement; mais le rouge, en cet endroit, souffre et s'éteint sous la frange bleue de réfraction qui la couvre.

C'est ainsi que la moitié bleue doit paraître séparée, et au-dessus de la moitié rouge.

Il est facile d'imaginer les résultats qu'on obtiendrait, si l'angle réfringent était tourné en bas.

Deuxième Expérience.

« Autour de la bande de papier DE, peinte

» moitié en rouge, moitié en bleu, je passai plu-
» sieurs fils de soie très-noire, qui paraissaient
» comme autant d'ombres bien terminées. Ainsi
» enveloppée (*fig.* 7), je l'appliquai au mur, de
» manière que la ligne transversale qui séparait
» ces couleurs était perpendiculaire à l'horizon.
» Fort près de l'extrémité inférieure de cette
» ligne, je plaçai la flamme d'une chandelle pour
» éclairer l'objet : car l'expérience fut faite de
» nuit; ensuite à 6 pieds 1 ou 2 pouces de dis-
» tance, j'élevai verticalement un objectif M N de
» 51 lignes de diamètre, et de 6 pieds 1 ou 2
» pouces de foyer; puis je projetai sur un carton
» blanc les rayons réfléchis par le papier peint
» et réfractés par l'objectif; enfin, variant la dis-
» tance du carton, je cherchai avec la plus grande
» attention les points où les lignes noires parais-
» saient le mieux tranchées, c'est-à-dire les points
» où leurs images avaient la plus grande netteté,
» et je trouvai que lorsque l'une paraissait dis-
» tincte, l'autre paraissait très-confuse. Or, le
» point *h i*, où la bleue était la plus distincte, se
» trouvait à 18 lignes plus proche de l'objectif que
» le point H I, où la rouge était la plus distincte.
» Donc, à incidences égales, les rayons bleus con-
» courant de cette quantité plus près de l'objectif
» que les rayons rouges, étaient plus réfractés :
» d'où il suit, etc. ».

Les lentilles ne sont autre chose que des prismes continus à faces recourbées. Les rayons qui traversent ce milieu formé de deux portions de sphère ne doivent pas se comporter autrement que ceux qui se réfractent par l'angle d'un prisme ordinaire. Ainsi, sur chaque point de la lentille tombe le sommet d'une pyramide, dont la base est à l'objet d'où émanent ou réfléchissent les rayons. L'angle que comprennent les rayons extrêmes change d'ouverture de la même manière que dans le prisme, d'où il résulte une dilatation proportionnelle, qui produit les mêmes couleurs que le trait de nos expériences. Les rayons de ces pyramides auront nécessairement différens foyers, puisque tombant au même point, ils n'ont pas même incidence. D'après quoi, puisque les uns doivent faire naître la sensation de la couleur bleue, d'autres celle de la couleur rouge, etc., il est tout naturel que chaque moitié de la bande DE devienne plus distincte au foyer des rayons qui excitent une couleur analogue, et qu'en même-temps l'autre moitié dont la couleur diffère, se trouble sous une couleur étrangère.

Lorsqu'une lumière blanche tombe sur un corps, soit rouge, bleu, vert ou jaune, et d'un coloris brillant, les rayons qui sont réfléchis prennent la teinte des corps : tel est le meilleur fondement de cette supposition, qui prête aux molécules de pareils corps la propriété de réfracter certaines espèces de rayons, et de réfléchir telle autre *. Mon intention n'est pas d'examiner ce paradoxe, ni d'émettre à cet égard mon opinion : ce n'est pas ici le lieu. Mais de ce fait bien connu, je déduis cette conséquence, que des rayons ainsi colorés, réfractés ensuite par une lentille, ne doivent point souffrir au point où se trouverait à l'égard de toute lumière blanche, la couleur qui leur est analogue, puisque le genre de dilatation qu'ils ont éprouvé pour arriver en cet endroit, est en harmonie avec la couleur qu'ils portent déjà. A l'égard de tout autre point appartenant à d'autres couleurs que celle qui leur est propre, ils pourraient n'y être pas changés, quant à l'essence, s'ils sont en grande quantité; mais ils varieraient indubitablement, quant au mode. Tout jet de lumière dit homo-

* Les verres ou cristaux pellucides colorés forment une objection bien forte contre cette opinion. On sait que ces sortes de verres ont la propriété de prêter aux objets vus au travers la teinte qu'ils portent eux-mêmes. Ainsi, dans l'hypothèse newtonienne, ces verres seraient destinés à transmettre une seule espèce de rayons, et à réfléchir et absorber toutes les autres ; par conséquent, si l'on regardait ces verres par réflexion, ils ne pourraient jamais paraître de la couleur des rayons qu'ils transmettent, puisqu'il n'existera plus de ces derniers dans les rayons réfléchis. D'un autre côté, si on les voit par réflexion d'une certaine couleur, ce serait la preuve qu'ils ne peuvent transmettre de rayons de cette couleur, et tout le monde peut déduire la conséquence, et juger par les faits de la validité de l'hypothèse.

gène, qu'on réfracte de nouveau, pâlit sensiblement, et change et d'éclat et de nuance; il y a plus, on distingue souvent aux extrémités des couleurs différentes. Les Newtoniens, qui rejettent d'ailleurs la possibilité du dernier point, quoique plusieurs d'entre eux, M. l'abbé Nollet lui-même, l'aient obtenu, regardent ces changemens comme le fruit de causes accidentelles, et prennent pour les éviter des précautions si délicates, qu'on est suffisamment autorisé à diriger contre eux l'argument. Quant aux couleurs qui se montrent aux bords d'un trait homogène réfracté à une grande distance de son point d'émergence (le plus ordinairement ce sont les couleurs les plus faibles, comme le violet, le bleu, etc., qui présentent ce phénomène: je ne me rappelle pas l'avoir vu dans un trait rouge pris à plus de 150 pieds du prisme; mais je remarquais dans l'image réfractée de ces rayons une variété de nuances fort sensible), quoique ce fait certain à mes yeux soit en outre constaté par d'autres plus connus, et notamment par M. Mariette, dans son quatrième Essai sur les couleurs; j'en néglige volontiers la certitude, d'autant plus que son défaut ne saurait détruire mon opinion : car il serait possible que la proportion qu'observent les rayons incidens sur un second prisme, ne pût être totalement anéantie et remplacée.

Les rapports de la septième et de la huitième expérience avec les deux dernières nous engagent à les rapprocher; elles serviront d'ailleurs à compléter mon raisonnement.

Sur la septième Expérience.

Dans la première division de cette expérience, au-lieu de se servir de couleurs naturelles, et d'une bande noircie comme dans la première expérience, on prit une bande de papier blanc à bords droits et parallèles, sur laquelle on fit tomber, chacun sur une moitié, deux jets, l'un de rayons rouges, l'autre de rayons bleus, pris dans deux spectres différens: examinées ensuite avec un autre prisme, ces deux couleurs parurent séparées l'une de l'autre, et avec d'autant plus de force que l'observateur se tenait éloigné.

A la bande fut substitué un fil blanc, qui reçut les deux couleurs opposées des deux spectres. La réfraction dans le prisme oculaire sépara les deux portions du fil différemment illuminées. Mais si, laissant la partie rouge, on changeait successivement les couleurs sur l'autre partie, en faisant monter ou descendre celui des deux spectres qui projetait d'abord le violet, les deux moitiés du fil se rapprochaient à mesure, jusqu'à ce qu'enfin les couleurs de même nom les réunissent sur une même ligne parallèle à celle du fil vu à l'œil nu.

« Ayant pris un petit disque de papier blanc,
» je le couvris successivement tout entier des rayons
» mêlés de deux spectres : illuminé par les rouges
» de l'un et les violets de l'autre, il paraissait teint
» en pourpre ; alors je le regardai (d'abord de
» près, puis de loin) à travers un troisième prisme ;
» et à mesure que je m'éloignais du papier, l'image
» cessait de paraître unique, en vertu.... Ensuite
» elle se partagea en deux images distinctes, l'une
» rouge, l'autre violette, celle-ci plus éloignée du
» papier, etc. ».

« Lorsque le prisme qui projetait des rayons
» violets sur le papier, fut ôté, l'image violette
» s'évanouit ; et lorsque l'autre prisme fut ôté,
» l'image rouge s'évanouit à son tour ».

« En tournant sur son axe, l'un des prismes
» (celui, par exemple, qui jetait du violet sur le
» papier), pour que toutes les couleurs, savoir :
» le violet, l'indigo, le bleu, le vert, le jaune,
» l'orangé et le rouge tombassent successivement
» sur le papier, l'image violette passait successive-
» ment à l'indigo, au bleu, au vert, au jaune, et
» approchait de plus en plus de l'image rouge pro-
» duite par l'autre prisme, jusqu'à ce qu'étant
» rouges, les deux images coïncidèrent parfaite-
» ment ».

L'auteur plaça deux disques de papier à une très-petite distance ; l'un sur la partie rouge, l'autre sur la partie violette des spectres projetés bout-à-bout, et les regardant avec un prisme, de manière que la réfraction se fît du côté du rouge; à mesure qu'il s'éloignait, les deux couleurs s'approchaient, et finirent par coïncider; puis elles se séparaient de nouveau, mais dans un ordre inverse, le violet étant transporté au-delà du rouge.

Deux spectres entiers projetés au fond de la chambre obscure par la réfraction de deux prismes, de manière qu'ils étaient bout-à-bout sur une même ligne droite, parurent entièrement séparés l'un de l'autre lorsqu'on les regardait avec un troisième prisme parallèle à leur longueur; ils formaient deux lignes différentes inclinées à la première, mais leurs extrémités qui portaient des couleurs semblables, se trouvaient sur une ligne parallèle à celle de leur position sur le mur.

Enfin, disposant ces deux images de manière qu'elles coïncidaient, leurs teintes se trouvant placées en ordre inverse, l'extrémité rouge de l'une tombant sur l'extrémité violette de l'autre, on les vit, avec un troisième prisme parallèle à leur longueur, se séparer vers leur extrémité; et, se croisant vers le milieu à-peu-près, elles prenaient, pour ainsi dire, la figure des jambages de la lettre X.

On peut ajouter aux différentes branches de cette expérience, la onzième expérience de la seconde partie.

« Après avoir projeté sur le mur un spectre au » fond de la chambre obscure, si, d'un point » donné, on regarde cette image à travers un » prisme tenu parallèlement au prisme qui la for- » me, en sorte qu'elle soit abaissée pas la réfrac- » tion, on la verra oblongue et colorée comme » à la vue simple. S'approche-t-on du lieu où elle » paraît, on continue de la voir oblongue et colo- » rée; mais si l'on s'en éloigne, les couleurs se res- » serrent de plus en plus, s'évanouissent enfin » tout-à-fait; alors on la voit parfaitement ronde » et blanche: si on s'en éloigne davantage, les cou- » leurs reparaîtront, mais dans un ordre inverse ».

Cette image, vue au travers du prisme, est plus courte que celle qui tombe sur le mur, de trois ou quatre pouces au moins. On peut parvenir plus promptement aux résultats indiqués ci-dessus, en inclinant le côté du prisme oculaire qui reçoit les rayons partis de l'image.

Tous ces effets s'expliquent également bien dans les deux systêmes, et peut-être les apparences formeraient-elles un préjugé plus puissant en faveur de l'hypothèse newtonienne, si l'objection que j'ai déjà proposée ne devait pas entrer en considération. Il est manifeste que les rayons visuels comprenant, comme je l'ai dit, l'espace que la pyramide réfractée occupe sur la seconde surface, et les espèces supposées de natures différentes s'y trouvant déjà séparées principalement aux extrémités, les faits sont en contradiction avec le principe.

Je trouve d'ailleurs dans les détails de la dernière expérience, une difficulté de plus. Il n'est pas possible que les couleurs parviennent à se confondre, et *à fortiori* à se renverser, puisqu'on les a vues droites.

Lorsque dans l'un des mouvemens de l'image, les deux couleurs extrêmes se rapprochent, la diminution de leur distance n'a jamais été observée tellement considérable que la longueur du spectre ne demeurât toujours au-moins plus de trois fois la largeur : Newton estime de deux pouces à-peu-près la diminution du spectre au-dessous de dix pouces obtenus quand il est stationnaire.

« Si je tournais le prisme sur son axe de manière
» à faire sortir les rayons obliquement de la se-
» conde surface réfringente, bientôt l'image deve-
» nait plus longue d'un ou de deux pouces, et elle
» s'accourcissait d'autant si je le tournais de ma-
» nière à faire tomber les rayons plus obliquement
» sur la première surface réfringente (2.e *Prop.*
» 3.e *Exp.*) *.

D'où l'on peut conclure que la différence des angles de réfraction des rayons d'extrême réfrangibi-

---

* On peut toujours compter sur 4 pouces de diminution; je l'ai observé ainsi, et plus tard le calcul constatera le fait.

lité est toujours plus considérable que la différence des angles d'incidence, et par conséquent que la quantité dont le rayon violet s'élève au-dessus du rayon rouge (quand ils partent du même rayon), est constamment plus considérable que l'angle que forment entre eux les rayons incidens.

Cela posé, lorsqu'on regarde au travers d'un prisme dont l'angle réfringent est tourné en bas, l'image projetée sur le mur par le trait solaire réfracté, si le violet se trouve à la partie la plus élevée, les rayons qui comprennent la longueur de l'image et qui sont le violet et le rouge, convergent à la surface du prisme oculaire, dans un sens qui nuit à l'élévation du violet de toute la valeur de l'angle formé par les deux rayons au moment de leur incidence; mais l'expérience établit incontestablement que la quantité dont le rayon violet se réfracte au-delà des termes de la loi ordinaire et des termes de la réfraction du rayon rouge, surpasse de plus du double l'espace qui le sépare de ce dernier; et puisqu'il se brise à sa rencontre, il ira constamment au-dessus des limites des rayons de moindre réfrangibilité, sans qu'il puisse en aucun cas se confondre avec eux entièrement. Il suit nécessairement que s'il existe un moment où les couleurs sont aperçues dans l'ordre qu'elles observent réellement sur le mur, le violet étant au-dessus du rouge, ces deux couleurs doivent (dans l'hypothèse des rayons différémment réfrangibles), conserver en toute occasion leur disposition respective. Cette conséquence embrasse les différentes branches de la huitième expérience, où le violet se fait toujours voir plus bas que le rouge.

Dans mon opinion, l'opposition des deux réfractions, illusoire et réelle, dirige toutes les circonstances du phénomène que nous venons de passer en revue sous différens aspects.

Qu'une seule couleur fixe d'abord notre attention, son image formera la base d'une pyramide dont le sommet se porte vers la surface du prisme oculaire; les rayons qui la composent se réfractent de la même manière que tout autre faisceau; mais de tous les genres de modification qu'ils éprouvent, un seul est analogue à celui qui les a rendus capables d'exciter la sensation de la teinte que porte l'image : un seul est donc propre à conserver le rapport de dilatation qui les coordonne sur le type d'une couleur particulière. Toute autre disposition qu'ils reçoivent anéantit nécessairement l'effet de la disposition primitive. Alors la question se réduit à savoir si le rapport une fois troublé, des rayons provenus d'une lumière aussi faible que celle qui se réfléchit au prisme, peuvent encore affecter sensiblement le nerf optique. N'ayant point ici d'autres raisons que celles que me fournirait l'expérience, je ne prétends, en cette occasion, faire aucune pétition de principe; mais formant cette proposition que la validité de mon système peut seule rendre évidente, et supposant que les rayons qui s'écartent de la proportion déterminée pour la couleur de la petite image sont entièrement perdus pour la vision, la solution des faits découle tout naturellement.

Si nous n'envisageons qu'une seule couleur, elle ne doit changer de grandeur que dans la proportion des changemens qui peuvent survenir au spectre ordinaire. Elle doit en outre se placer au rang qu'elle occupe dans la grande image; mais c'est ce qui ne peut être sensible que par l'opposition d'une autre couleur. C'est pourquoi, si nous en examinons deux comme dans la première partie de la huitième expérience, elles tiendront respectivement le lieu qu'elles occupent dans le spectre, et les couleurs extrêmes, telles que le violet et le rouge, paraîtront distantes en raison de leur intervalle accoutumé. De plus, le violet qu'on voit au bord inférieur des objets qu'on regarde au travers d'un prisme dont l'angle réfringent est tourné en bas, se portera comme dans l'expérience au-dessous de la moitié rouge; l'indigo s'y portera de même quoiqu'à une moindre distance; le bleu, le vert, le jaune, se trouveront toujours inférieurs, chacun en raison du lieu qu'il occupe dans le spectre; enfin deux couleurs semblables se porteront de front par un mouvement égal.

Le prisme oculaire doit séparer encore deux couleurs tombées à-la-fois sur un seul disque. L'éloignement qui diminue l'angle des rayons incidens et augmente au contraire celui des rayons émergens, écartera de plus en plus ces deux couleurs, et par le même principe, rapprochera deux disques déjà séparés, si la réfraction illusoire conduisait l'un vers le rouge. Ils se confondront et se sépareront ensuite en sens opposé, si la distance qu'ils observent sur le mur n'excède pas la quantité du mouvement de réfraction. Si l'image se trouvait entière avec les sept couleurs, toutes se réuniraient pour former conjointement une lumière acolore; et se développant de nouveau en sens contraire, laisseraient le rouge occuper à la place du violet la partie supérieure.

Voici en outre comment s'expliquerait le changement que produisent l'éloignement du spectateur ou l'abaissement d'une des faces du prisme oculaire.

Dans la première section de la septième expérience, la couleur bleue placée sur une même ligne avec la rouge, paraît baisser au-dessous de cette dernière par la réfraction illusoire; si donc on fait tomber la couleur rouge plus bas que la bleue sur le mur, il y aura un point où la distance observée proportionnellement à l'abaissement du bleu, fera paraître les deux images sur une même ligne à l'aide du prisme oculaire. Mais si l'intervalle des deux couleurs sur le mur est plus considérable, le bleu, quoique rapproché du rouge, restera néanmoins plus élevé. Alors, si le prisme oculaire s'éloigne, l'angle dont le sommet est au prisme, et qui a pour mesure l'espace compris entre les extrémités des couleurs, diminue à chaque instant, et produit absolument le même effet que si c'étaient les couleurs qui se rapprochassent sur le mur, l'observateur restant en place; car c'est dans cette circonstance que les angles optiques sont la véritable mesure des objets, étant dépouillés des autres causes qui semblent démentir la théorie.

Quant au mouvement du prisme qui produit un effet semblable, il est facile à concevoir.

Les deux rayons extrêmes qui forment les côtés de la pyramide des rayons efficaces, doivent nécessairement tendre à se réunir plus près de la surface des rayons incidens, à mesure que celle-ci s'incline. Ainsi, au lieu de ne se trouver qu'après leur émergence, leur point de concours qui se rapproche, arrivera dans une certaine inclinaison du prisme, précisément sur la seconde surface; c'est alors que l'image paraîtra unique (dans l'hypothèse newtonienne, la pyramide commune se divisant dans toutes les inclinaisons, en autant d'autres qu'il y a d'espèces, tous ces différens sommets ne pourraient en aucun cas concourir au même point, ce qui est indispensable pour former l'image acolore); puis continuant à se rapprocher du point d'incidence, l'image se trouvera renversée, puisque les rayons se seront croisés avant d'arriver au côté de l'émergence.

Je pense qu'il est inutile d'entrer dans de plus longs détails pour prouver que les deux spectres placés d'abord sur une même ligne, ensuite superposés, doivent se porter dans deux lignes différentes; car au-lieu de ne considérer que les deux couleurs extrêmes, on peut supposer aussi les couleurs intermédiaires s'inclinant d'autant moins qu'elles sont voisines de la partie rouge, et formant ainsi dans leur ensemble une seule ligne inclinée à celle de la longueur du spectre sur le mur.

Il ne me reste plus qu'à expliquer pourquoi l'image, vue par réfraction, diminue dans sa longueur d'une quantité si considérable que celle de trois ou quatre pouces, lorsque la position est perpendiculaire à l'axe du prisme qu'on tient à l'œil.

On a dû voir précédemment que les rayons qui forment l'extrême rouge, sont ceux qui tombent le plus obliquement possible sur la surface des rayons incidens (puisque ce sont ceux qui partent du bord le plus élevé des objets), et que ceux qui forment le violet sont au contraire les moins obliques de tous à cette surface. Si l'on imagine des transversales qui forment exactement les limites de chaque couleur, et qui en fassent comme des objets différens, il est certain que les rayons de la partie rouge qui doivent rester rouges après une nouvelle réfraction, sont ceux qui seront les plus obliques sur le prisme, et par conséquent ceux qui partiront de la transversale qui sépare le rouge de l'orangé. A l'égard du violet, ceux qui doivent conserver cette couleur sont nécessairement ceux qui partent de la limite du violet et de l'indigo ; car ce sont ceux qui, dans toute la partie violette, sont susceptibles de tomber moins obliquement sur le prisme. Ainsi, l'extrême violet et l'extrême rouge, au-lieu de comprendre, dans l'angle qu'ils forment entre eux, l'image toute entière, ne sont éloignés l'un de l'autre, au moment de leur départ, que de l'espace occupé par les cinq autres couleurs, de sorte que si le violet et le rouge ont, par exemple, deux pouces chacun, la nouvelle image s'en trouvera diminuée de quatre pouces à-peu-près.

Sur la huitième Expérience.

Toute la différence qui se trouve au fond entre cette expérience et la deuxième, consiste en ce que, au-lieu de couleurs naturelles, ce sont les rayons du spectre qui sont mis à l'épreuve.

Un livre ouvert, sur lequel on dirige le spectre, est éclairé successivement par chaque espèce de rayons. A 6 pieds 2 pouces est élevé verticalement un objectif qui rassemble la lumière réfléchie, et projète à une égale distance de 6 pieds 2 pouces, sur un papier blanc, placé à cet effet, l'image des caractères éclairés par cette lumière dite homogène. A mesure que chaque couleur passe, le lieu où l'image se montre le plus distinctement change, et l'intervalle entre l'objectif et le papier diminue jusqu'au moment où les violets arrêtent ce mouvement du foyer à 30 ou 33 lignes du point où l'image formée par les rayons rouges, était le plus nettement terminée.

Selon ce que nous avons dit à l'occasion de la deuxième expérience, je ne trouve pas d'autre raison à donner ici que celle qu'en apporte l'auteur avec la distinction qui résulte de mon système. Car c'est bien au foyer des couleurs qui éclairent les caractères, qu'on trouvera leur image plus nette qu'en tout autre endroit ; mais c'est parce qu'à ce point doivent arriver les rayons dont le rapport de dilatation n'a pas changé, tandis qu'ailleurs ce rapport n'est plus le même.

Sur la sixième Expérience.

Ayant réfracté un gros faisceau de rayons introduits dans la chambre obscure, Newton fit passer par un trou rond de quatre lignes, percé dans une planche élevée verticalement proche du prisme, une partie de la lumière réfractée. Une autre planche élevée aussi verticalement à 12 pieds de la première, et pareillement percée d'un trou de quatre lignes, ne livrait passage qu'à une partie de la lumière émergente. Enfin, derrière cette planche, un second prisme reçut les rayons transmis par le dernier trou; et si les rayons qui produisent différentes couleurs étaient introduits séparément au moyen de l'un des mouvemens d'ascension de l'image, les violets réfractés par ce nouveau prisme projetaient plus haut que les rouges, sur un carton blanc disposé pour les recevoir à leur émergence. De ce fait incontestable l'auteur tire cette conclusion.

« Puis donc que les planches et le second prisme » étaient immobiles, l'incidence des rayons hété- » rogènes était égale dans tous les cas. Cependant » les rayons étaient plus réfractés les uns que les » autres : or, ceux qui étaient le plus réfractés par » le deuxième prisme, étaient aussi le plus réfrac- » tés par le premier; ils peuvent donc, à juste titre, » être réputés plus réfrangibles ».

On doit faire attention que l'expérience n'est si décisive qu'à cause de la conclusion qui contient une proposition fausse. L'égalité d'incidence des rayons est une supposition gratuite : on sait que les rayons violets émergent plus obliquement que les rayons rouges, et qu'en conséquence ils doivent tomber plus haut que ces derniers. L'espace de quatre lignes qui semble les circonscrire à 12 pieds trop étroitement pour leur permettre de s'écarter beaucoup, est néanmoins suffisant pour produire une différence notable, puisqu'en admettant que les rayons rouges rasent le bord inférieur du trou de la seconde planche et le violet le bord supérieur, les directions de ces deux rayons se croisent au milieu de l'intervalle des deux planches, et l'angle qu'ils forment à 6 pieds de la deuxième planche, sous-tendu par une corde de 4 lignes, est un angle d'un peu plus de 15′. Or, quand la même cause qui change, dans le premier prisme, un angle de 30′ en un autre de 2° ½, n'existerait pas pour les rayons qui traversent le second prisme, cette différence de 15′ serait assez sensible pour infirmer le raisonnement de l'auteur, d'autant plus qu'une autre cause se joint à celle-ci pour transporter le rayon violet à plus de huit lignes en outre de l'ouverture de l'angle qu'il forme avec le rayon rouge : cette cause, la voici :

Tout cône dont l'axe tombe incliné sur un plan, fait à sa base une ellipse dont le grand axe est au petit comme le sinus total est au sinus de l'angle d'inclinaison de l'axe du cône, c'est-à-dire de l'angle que cet axe fait avec le plan.

Si le passage des rayons extrêmes, qui font entre eux cet angle de 15′ pouvait être simultané, le cône qu'ils formeraient tracerait, sur la première surface du second prisme, une ellipse dont la largeur serait de 4 lignes, et dont la longueur serait à 4 lignes, comme le sinus total au sinus d'inclinaison de l'axe du cône. Ne considérons donc que les deux directions que nous imaginerons être le cône qui tombe sur cette première surface.

Premièrement, puisque Newton n'a point donné l'angle réfringent du second prisme, je me servirai de celui qu'il emploie dans la troisième expérience, et qui avait 64°.

Secondement, je suppose la position de ce prisme telle que l'image des rayons qui passaient par les deux trous fût stationnaire, l'axe du cône se réfractant par conséquent parallèlement à la base, ce qui donne pour l'angle d'incidence de cet axe 54° 59′, et pour l'angle d'inclinaison 35° 1′, dont le sinus 9,75877 est à 10,00000, comme le petit axe de l'ellipse formée sur la première surface du second prisme, est au grand axe. Mais le cône réfracté tombe encore obliquement sur la seconde surface du prisme, puisque l'angle de réfraction de l'axe du faisceau est 32°. L'inclinaison égale 58°, le sinus verse du complément 32°, c'est-à-dire la différence du sinus de l'angle 58° et du sinus total serait ce qu'il faudrait ajouter au premier produit 10,00000 trouvé pour la valeur du grand axe de l'ellipse, si dans le cas présent, tous les diamètres du cône réfracté étaient encore égaux; mais cela n'étant pas, cette différence n'est pas non plus le nombre qu'il faut ajouter; c'est un autre nombre qui sera à celui-ci dans le même rapport que 10,00000 est à

9,75877; autrement, le quatrième terme de cette proportion 9,75877 . 10,00000 : 0,07158 . x $=$ 0,09602 qui, joint à 10,00000, donne, pour le rapport du grand axe au petit axe de l'ellipse sur la seconde surface, 10,09602 $=$ tang. 51° 17′ est à 9,75877. Or, le grand axe de l'ellipse que traceraient sur la seconde surface les rayons rouges et violets, s'ils tombaient simultanément, est la distance qui sépare les deux points d'émergence de ces différens rayons; ainsi, puisque nous avons supposé le petit axe de 4 lignes, et qu'il ne change pas de valeur par la réfraction, la valeur du grand axe de la seconde ellipse sera donc de plus de 8 lignes; car la tangente de 51° 17′ est un peu plus de deux fois le sinus de 35° 1′.

Ces deux différences, je veux dire l'angle de 15′ (surtout s'il doit subir une altération analogue à celle qui change l'angle de ½ degré dans le premier prisme), et les 8 lignes qui marquent l'intervalle des deux points d'émergence, suffisent pour démontrer que les projections des rayons rouges et violets ne doivent pas avoir lieu au même endroit, et prouver que la supposition d'une égale incidence est tout-à-fait inexacte.

Cinquième Expérience newtonienne.

Un autre philosophe, à ce qu'il paraît, avait avancé qu'un même rayon était, par la réfraction, fendu, dissipé, ou éparpillé en plusieurs rayons divergens, et croyait, par ce moyen, rendre aisément raison de la forme allongée de l'image colorée. Je n'ai point vu ce système, et il y aurait de l'irrévérence à me prononcer ouvertement. Cependant, s'il faut s'en rapporter à Newton, et si tel était le sentiment de l'auteur, que c'était bien précisément la dilatation de chaque rayon en particulier qu'il entendait, et non pas celle du faisceau, comme il a lieu effectivement, je ne vois rien qui soit favorable à cette hypothèse. Mais d'après le peu de mots du philosophe anglais sur cette opinion de Grimaldo, si, comme je viens de le dire, elle est fidèlement rendue, je ne vois pas non plus qu'elle diffère beaucoup de celle des sept rayons différemment réfrangibles, qui peut-être doit son origine à la première, et je n'imagine pas sur quel point ces deux physiciens ne pouvaient être d'accord. L'un prétend que chaque rayon se divise, s'éparpille en plusieurs rayons divergens; l'autre veut que chaque rayon solaire en contienne sept autres, ou plutôt une infinité d'autres, qui se réfractent tous différemment, et par conséquent se divisent. Y a-t-il donc tant d'opposition entre ces deux idées, qu'elles ne puissent être rapprochées, et même confondues?

Voulant s'assurer si la forme oblongue que prenait le faisceau par la réfraction ne provenait que de la différente réfrangibilité des rayons, et non pas de la dilatation de chaque rayon, ou de quelqu'autre cause accidentelle, Newton plaça, immédiatement après le prisme pour recevoir les rayons réfractés, un second prisme, dont l'axe était perpendiculaire à celui du premier, ce qui devait produire une nouvelle réfraction latérale, qu'il prétendait, dans la supposition de Grimaldo, devoir obliger l'image à s'étendre en largeur dans la même proportion qu'elle s'était étendue d'abord en longueur par la première réfraction. Cela n'arriva pas, et l'image, en même-temps qu'elle fut transportée sur le côté, devint inclinée à l'horizon de perpendiculaire qu'elle était avant, sans que la largeur parût augmentée.

Nous avons vu, à l'occasion de la troisième expérience, que l'image s'inclinait comme dans cette circonstance, lorsque le faisceau, indépendamment de son obliquité ordinaire, s'inclinait à l'axe, ou suivant la longueur des faces du prisme. Cette combinaison des deux obliquités des rayons à l'axe et à la ligne, qui coupe celui-ci à angle droit, produisait donc un effet absolument semblable à celui que présente la cinquième expérience, d'où nous pouvons conclure sans légèreté que la cause et les faits peuvent bien être essentiellement les mêmes.

De plus, je remarquai dans la troisième expérience, que l'image inclinée diminuait dans sa largeur. Il serait encore possible que la conservation de la largeur du spectre n'eût pas ici d'autre principe. C'est dans l'examen le plus scrupuleux des détails que présente un phénomène si curieux que nous essaierons de justifier de telles conjectures.

Soit F (*fig.* 8) un trou pratiqué au volet E G d'une chambre obscure, livrant passage à un faisceau de rayons solaires que réfracte un premier prisme A B C; soit un second prisme D H, ayant son axe perpendiculaire à celui du premier prisme, et recevant de K en O le faisceau émergent des points I et Q : si du point Q je tire la ligne Q Z perpendiculaire à l'axe du second prisme D H, je remarque que le faisceau qui, à son émergence du premier prisme, s'élève en forme d'évantail, tombe à l'égard de l'axe du prisme D H dans une position inclinée, puisqu'il est oblique à la ligne Q Z perpendiculaire à celui-ci. Le même faisceau est en même-temps oblique à la ligne qui coupe l'axe D H à angle droit, à partir de l'angle réfringent à la base; cette obliquité, je la compare à celle du faisceau incident sur la première surface du premier prisme A B C. Ainsi, tout le faisceau entier, et chaque rayon en particulier, est dans le cas d'une double réfraction, ou plutôt d'une réfraction composée. Je représenterai par les deux lignes ponctuées K *m*, K *n*, les deux directions différentes vers lesquelles chaque rayon est sollicité en même-temps, prenant pour K *m* la réfraction latérale semblable à celle que subit le faisceau dans le premier prisme ; et pour K *n* la réfraction de haut en bas qui doit résulter de l'obliquité d'incidence du faisceau sur l'axe du second prisme. D'après cela, le rayon extérieur I K, c'est-à-dire celui qui tombe le plus près de l'angle réfringent, soumis à ces deux pouvoirs réfractifs, au-lieu de sortir dans la direction de K *m*, prendra une direction moyenne proportionnelle entre cette ligne et la ligne K *n* ; il doit, par conséquent, sortir plus bas que s'il avait obéi à la seule réfraction latérale.

D'un autre côté, le rayon intérieur représenté par le trait ponctué I K, c'est-à-dire celui qui se trouve le plus près de la base du prisme, étant moins oblique à la surface réfringente que le rayon extérieur (comme $\varsigma\pi$ est moins oblique que $\varsigma\delta$), il se trouvera forcé d'obéir davantage à la réfraction K *n*, d'autant que la diminution de son obliquité d'incidence diminue l'action de la réfraction K *m* : ce qui doit nécessairement le faire baisser davantage que le premier, et le rapprocher du point où il serait sorti s'il n'avait eu à obéir qu'au seul pouvoir réfringent K *n*. En sorte que ces deux rayons peuvent conserver entre eux la même distance à leur émergence, que s'ils n'avaient été réfractés que dans la seule direction latérale K*m*, et cependant que l'image soit plus étroite que dans ce cas. Pour le mieux faire comprendre, soit le parallélogramme rectangle ABCD (*fig.* 8 (*a*), dont AB est la largeur; si les deux côtés AB, BC, au-lieu de former l'angle droit ABC, formaient un angle aigu *a*B*c*, il est évident que la largeur AB du parallélogramme rectangle serait plus grande que la hauteur *a*H du parallélogramme rhomboïdale *a*B*cb*, sans que néanmoins la distance du point *a* au point B fût moindre que celle de A en B.

Il faut observer que la réfraction qui se ferait en vertu du pouvoir K*n*, aurait lieu dans un plan parallèle aux arrêtes du prisme; et que la quantité de force avec laquelle le pouvoir K*n* entraîne le rayon intérieur IK vers son plan de réfraction, plus que le rayon extérieur n'est attiré vers un plan semblable et parallèle à celui-ci, est précisément égale à la différence d'incidence qui, dans le premier prisme, produisit, avec le secours de la cause inconnue jusqu'ici, un effet si considérable; c'est pourquoi l'action de cette cause, qui bientôt se dévoilera peut-être, se confond nécessairement avec celle du pouvoir K*n*. Or, cette dernière, qui empêche le rayon intérieur K*i* de s'élever par la direction latérale K*m* vers la base du prisme, avec l'excédant de force qui a produit dans le premier prisme une augmentation d'obliquité sur la deuxième surface, conservera donc à l'image sa largeur primitive.

Cependant, à mesure qu'on approche du rayon QO, l'obliquité d'incidence des rayons tombés sur les parallèles KO extérieure, KO intérieure qui déterminent la largeur de l'image, diminue insensiblement, quant à l'axe du prisme DH, et reste respectivement la même quant à la perpendiculaire à cet axe. Alors les rayons se relèvent en proportion vers la direction K*m* : ce qui fait sortir le faisceau total obliquement comme LV de la seconde surface du prisme DH.

Telles sont les causes qui donnent à l'image PT réfractée par un second prisme la position inclinée *pt*, et qui l'empêchent en même-temps de s'élargir comme dans la première réfraction. C'est ce dont il est facile de se convaincre, en diminuant l'obliquité du faisceau émergent sur le prisme DH de la manière suivante :

Dans le premier cas, le prisme qui reçoit le premier les rayons transmis par le trou F, est parallèle à l'horizon et l'axe du second prisme perpendiculaire ; si on incline ce dernier, en élevant le bout H (*fig.* 9), et abaissant le bout D, le faisceau tombera moins obliquement sur l'axe de le prisme, et alors on verra l'image se redresser, et devenir beaucoup plus large, ainsi qu'il est représenté en la figure.

Une autre chose digne de remarque, c'est que l'image, transportée de côté par la réfraction, se rapproche du lieu où la projette le premier prisme, quoique l'obliquité du faisceau par rapport à la ligne K*m* (*fig.* 8) n'augmente pas, ce qui prouve que l'obliquité, suivant K*n*, avait augmenté la réfraction vers la base du prisme DH, et ce qui établit une identité parfaite entre les caractères de cette expérience et le cas où, dans la troisième expérience, le faisceau devenu oblique à l'axe du prisme, inclinait l'image, et l'obligeait de monter.

On voit, par cette expérience, que le premier axiôme a été pris jusqu'ici dans une acception trop générale, et que l'incidence et la réfraction n'ont pas toujours lieu dans le plan ordinaire.

Dans la troisième expérience, l'obliquité du faisceau, suivant l'axe du prisme, faisait monter l'image. Dans la cinquième expérience, la diminution de cette obliquité des rayons à l'axe du prisme D H, diminuait la distance que l'image avait franchie de côté. J'ai conclu de ces deux effets semblables, que ce nouveau genre d'obliquité favorisait la réfraction ordinaire, celle qui a lieu de l'angle réfringent à la base, et augmentait le brisement des rayons dans ce sens. Par conséquent, ces mêmes rayons deviennent plus obliques à la deuxième surface, qu'ils ne l'eussent été sans cette nouvelle cause. Or, si de semblables rayons se trouvaient, par la position du prisme, au terme où la réfraction se change en réflexion, il n'est pas douteux que l'obliquité suivant l'axe venant à augmenter, ces rayons, d'abord réfractés, commenceraient à se réfléchir. C'est ce que nous allons voir dans l'expérience qui va suivre.

Seizième Expérience newtonienne.

(Seconde partie).

« Soit HFC un prisme en plein air (*fig.* 10), » et S l'œil du spectateur apercevant le ciel par la » lumière incidente sur le côté FJGK, réfléchie » de dessus la base HEJG et émergente par le » côté HEFK. Si le prisme et l'œil sont placés » de manière que les angles d'incidence et de ré- » flexion à la base aient près de 40 degrés, on verra » un arc bleu MN qui s'étendra d'un bout à l'autre » de la base; la concavité de l'arc sera tournée vers » le spectateur, et la partie JMNG au-delà de » l'arc paraîtra plus brillante que la partie EMNH » qui est en-deçà. Cet arc bleu n'étant produit que » par la réflexion d'une surface spéculaire, est un » phénomène si étrange et si difficile à expliquer » par le système des philosophes, qu'il doit être » jugé digne d'observation.

» Pour en montrer la cause, que le plan ABC » soit supposé couper perpendiculairement les cô- » tés et la base du prisme : alors si de l'œil de l'ob- » servateur à la ligne BC, on mène les lignes *s p* » et *s t* qui fassent l'angle *s p c* de 50 degrés $\frac{1}{9}$, » et l'angle *s t* C de 49° $\frac{1}{28}$; le point *p* sera le » terme au-delà duquel aucun des rayons les plus » réfrangibles ne peut passer à travers la base, leur » incidence étant telle qu'ils doivent tous être » réfléchis, tandis que le point *r* qui tient le mi- » lieu entre *p* et *t*, limitera de même les rayons » de moyenne réfrangibilité. Ainsi les moins ré- » frangibles qui tombent sur la base entre *t* et B, » et qui peuvent parvenir à l'œil, seront tous ré- » fléchis; mais entre *t* et C, plusieurs de ces rayons » passeront à travers la base. D'une autre part, les » plus réfrangibles qui tombent sur la base entre » *p* et B, et qui peuvent parvenir à l'œil, seront » tous réfléchis; mais entre *p* et C, plusieurs de » ces rayons passeront à travers la base. Il en sera » de même des rayons de moyenne réfrangibilité, » des deux côtés du point *r*, et en d'autres en- » droits entre *p* et *t*, où les plus réfrangibles sont » tous réfléchis à l'œil, et où les moins réfrangibles » sont transmis en grand nombre; l'excès des pre- » miers doit faire paraître bleu violet cet espace. C'est » ce qui arrive en quelque partie de la base qu'on » prenne la ligne *cptB* entre les bouts du prisme ».

Cette portion de cercle qu'on voit à la base du prisme est très-obscure, et plutôt d'un gris sombre que bleue ou violette. Seulement à la partie qui avoisine l'endroit éclairé, on distingue des couleurs qui suivent cet ordre : vert, bleu et violet. La couleur verte est la plus apparente et forme la limite du segment obscur et de la partie brillante. Le bleu et le violet s'étendent au-dessous du vert dans la cavité de l'arc.

Newton ne donne aucune raison de la forme arquée du segment : peut-être a-t-il pensé qu'elle pouvait avoir quelque rapport avec la figure voûtée apparente du ciel. Si d'autres le croyaient d'après lui, ils pourraient se convaincre de leur erreur en regardant de la même manière le plafond d'une chambre, en faisant attention qu'au-dessous du prisme aux environs, tout soit dans l'obscurité, de peur qu'une lumière réfractée par la base et le côté de l'œil ne vienne troubler le phénomène. Avec cette précaution, ils verront un arc semblable à celui dont il vient d'être fait mention.

Au moyen des observations recueillies dans la troisième et la cinquième expérience, l'explication de cet arc devient très-facile.

Quoique les sinus de réfraction augmentent dans la proportion des sinus d'incidence, les rayons qui tombent le plus obliquement sur la première surface sont ceux qui sont le moins obliques à la seconde; par conséquent les rayons qui tombent dans le segment obscur, et qui y sont réfractés, sont ceux qui tombent le plus obliquement sur la première surface F I G K du prisme de la figure précédente; en sorte que les parties du ciel ou du plafond dont les rayons arrivent en *t* au sommet de l'arc M N, sont celles qui s'éloignent le plus du spectateur, et que celles dont les rayons tombent en C vers le bord de la base qui forme la corde de l'arc, se trouvent les plus près du spectateur, au-dessus de sa tête.

Soit D H (*fig.* 11) un prisme dont l'axe est parallèle à A B une ligne droite menée sur le plafond de la chambre. Je suppose que du milieu C de cette ligne, il part un rayon qui tombe perpendiculairement à l'axe du prisme au point *l*, et qui n'obéissant qu'à la seule réfraction qui a lieu dans le plan de cette perpendiculaire, fait le plus grand angle possible de réfraction où il puisse être réfracté encore au point *k* sur la base V Q P S. Si par le point *l*, je mène *xy*, parallèle à A B, tous les rayons qui de cette dernière ligne tomberaient sur *xy*, feraient sur le côté du prisme un angle semblable à celui du rayon C *l*, par rapport au plan de réfraction perpendiculaire aux arrêtes du prisme D H; mais à mesure que ces rayons s'éloignent du point C, ils deviennent obliques à l'axe de ce prisme, et A M, B N, par exemple, dont le brisement doit recevoir un accroissement (comme il suit des observations précédentes), tombent sur la base VQPS plus obliquement et plus loin que le rayon *lk*, ils doivent en conséquence s'y réfléchir.

Si l'obliquité des rayons suivant le plan ordinaire augmente, l'effet du pouvoir réfringent relatif à l'inclinaison sur l'axe diminuera en proportion. C'est pourquoi si la ligne AB n'a qu'un seul rayon qui se réfracte à la base, en passant par la ligne *xy*, toute ligne parallèle au-dessus de AB, qui enverrait sur une autre ligne parallèle au-dessus de *xy* des rayons plus obliques que C *l*, en fournirait un certain nombre proportionné à l'augmentation de leur obliquité, pour être réfractés à la base. Plus la ligne parallèle à *xy* approche de l'arrête DH (l'obliquité augmentant toujours), plus le nombre de ces rayons transmis augmente de chaque côté du rayon, qui comme C *l* est perpendiculaire à l'axe. Or, la position respective, et la progression régulière dans laquelle les lignes de réfraction formées des points successifs où les rayons sortent de la base, augmentant à partir du point *k*, déterminent nécessairement une courbe ou un segment tel qu'on le voit en Z formé par de semblables lignes.

Il est bon d'observer, néanmoins, que cet arc n'est pas précisément l'image du corps d'où partent les rayons, mais bien celle de la projection de la lumière *sur* la base du prisme, ce qui fournit à la vision un objet particulier; je veux dire que la surface qui sépare les deux milieux à la base, recevant la lumière qu'elle réfléchit ou transmet en plus grande quantité dans les endroits mentionnés, devient elle-même comme un tableau fixe, dont la vision n'est pas soumise à la loi de la réflexion, mais à celles de la simple émission et de la réfraction au côté de l'émergence.

Voici ce qui prouve cette proposition : indépendamment de ce segment obscur, si le prisme est équiangle à la base, on voit toutes les parties du plafond dans leurs positions ordinaires; les lignes droites n'y sont pas courbées. C'est en effet ce qui doit être (quelque système qu'on adopte), car les rayons qui nous en apportent la vision étant nénécessairement soumis à la loi exprimée dans le deuxième axiôme relativement à la réflexion, arrivent de la base à la seconde surface dans une position analogue à celle qu'ils avaient à leur incidence sur la première qui est inclinée de la même quantité, par conséquent ils y forment des lignes droites semblables à xy (*fig.* 11). Cela n'arriverait pas si, par exemple, l'angle que forme la base avec le côté de l'émergence était différent, était plus grand que celui que comprennent entre eux et cette même base et le côté de l'incidence; car alors les rayons qui, au-lieu de la réflexion, forment un arc, mais qui, à une certaine distance, doivent se ranger tous sur une ligne droite, n'étant pas reçus par le côté de l'émergence à l'endroit précis où cette disposition doit s'ordonner, reprennent la forme cintrée, et font paraître courbes les lignes de jonction du plafond avec le mur : c'est ce dont on peut s'assurer par l'expérience.

Puis donc qu'il faut envisager le segment obscur, et même le segment éclairé, comme s'ils étaient adhérens à la base, nous trouverons aisément à rendre raison de l'ordre qu'observent les couleurs de l'arc, et surtout de l'absence des trois autres prétendues moins réfrangibles, dont Newton calcule et marque la place assez inutilement, puisqu'elles ne s'y trouvent pas.

Le segment éclairé est censé représenter un grand objet, dont on ne voit que le bord inférieur après une seule réfraction. Or, la frange qui s'observe en cet endroit est précisément celle que portent toujours à leur extrémité la plus basse les corps vus au moyen d'un prisme, lorsque l'angle réfringent est placé du côté de l'angle obtus que forme le rayon émergent avec la surface; il est par conséquent manifeste que ces trois couleurs successives, vert, bleu et violet, qu'on remarque au bas du segment éclairé, sont dans leur position naturelle, et qu'il n'est pas possible que les autres couleurs puissent s'y voir, puisque le seul bord où elles pourraient être manque au segment éclairé.

Nous sommes arrivés au moment d'expliquer un phénomène que j'ai déjà indiqué.

Lorsqu'on regarde au travers d'un prisme un objet étendu, comme le mur d'une chambre ou tout autre, l'extrémité supérieure se plie, et forme un arc parallèle à la longueur du prisme. La courbure augmente à mesure que les rayons incidens deviennent moins obliques ; plus cet objet est long, plus ses extrémités s'abaissent ; et si l'on tourne le prisme de manière que les rayons qui partent de l'un des bouts de l'objet, arrivent plus inclinés à l'axe que ceux de l'autre bout, le premier descend davantage au-dessous du centre du corps, tandis que la courbure de l'autre diminue.

Il est évident que cet arc, vu par réfraction, n'a pas d'autre origine que celui qui se peignait par réflexion sur la base du prisme de l'expérience précédente. Il est évident que l'arc doit se plier davantage, lorsque l'obliquité d'incidence des rayons, suivant le plan de réfraction perpendiculaire aux arrêtes du prisme, diminue : ce qui doit augmenter la force de la réfraction relative à l'inclinaison sur l'axe.

Il ne resterait plus qu'une espèce de difficulté apparente : comment les rayons émergens formant un arc dont les bouts s'élèvent, et dont la concavité regarde la base opposée à l'angle réfringent, la vision fait-elle paraître ses extrémités abaissées, et sa concavité tournée en sens contraire ?

C'est par la même cause qui fait paraître abaissée l'image des corps, lorsque les rayons s'élèvent vers l'œil, et qui fait rapporter au-dessous du rouge la moitié bleue de la bande bicolore de la septième expérience, précisément parce que les rayons de cette dernière s'élèvent plus que les autres.

Dans la vision ordinaire, si nous considérons le globe de l'œil dans sa position relative aux autres parties du corps, les rayons qui partent des objets qui sont à nos pieds arrivent sur la rétine, plus haut que ceux des objets qui sont à hauteur de notre tête, et nous rapportons en bas les corps qui envoient leurs rayons en haut de l'œil, *et vice versa*, quoique dans une sphère il n'y ait ni haut ni bas, et que nous ne fassions rien d'extraordinaire en plaçant chaque point du corps dans la direction du rayon.

De la longueur du Spectre.

Puisque nous sommes certains que l'obliquité selon l'axe du prisme augmente la réfraction qui se fait dans le plan ordinaire, et le seul qui ait jusqu'ici fixé l'attention du physicien, ne pourrions-nous pas trouver la raison de ce phénomène.

Soit DR (*fig.* 12) un prisme vu suivant sa

longueur : S *o* un rayon perpendiculaire sur le milieu, du côté *x* R *y* D, qui est un parallélogramme. Par le point *o*, je mène *n o l* parallèle aux deux arrêtes D *x*, *y* R ; tous les rayons qui du point S tomberont sur la ligne *n l*, seront dans un plan perpendiculaire au côté D R, puisque le point *s* demeure toujours à égale distance des deux lignes parallèles D *x*, *y* R, comme aussi tout point d'incidence d'un rayon parti du point S, et tombant sur *n l*, est également éloigné des mêmes lignes. La réfraction de tout rayon S *m*, qui se trouve dans le plan dont nous avons parlé, et que je désignerai à l'avenir sous le nom de plan perpendiculaire, aura lieu dans ce même plan. Or, la perpendiculaire vers laquelle se réfracte un rayon tombé obliquement, suivant la hauteur des côtés du prisme, est nécessairement dans le même plan perpendiculaire qui passe par la ligne *n l*, et par conséquent par le point d'incidence *m* du rayon. C'est pourquoi, si un rayon possède en même-temps les deux obliquités différentes, il se trouve entraîné vers ce plan par deux pouvoirs à-la-fois, mais différens.

Lorsque le rayon oblique S *m* est incident dans le plan perpendiculaire, ce rayon ne trouve pas plus de difficulté à se réfracter dans ce plan, qu'un rayon perpendiculaire n'en éprouverait pour continuer sa route à travers le nouveau milieu dans la même ligne. Il emploie donc toute l'énergie dont il est capable, à se maintenir dans le même plan, comme l'autre dans la même ligne.

Mais si le rayon perpendiculaire devient oblique (il est ici question d'une obliquité ordinaire), son mouvement se partage en deux vîtesses dont l'une, parallèle et égale au sinus de son obliquité d'incidence, semblerait devoir l'éloigner de la perpendiculaire; cependant c'est en raison de son plus ou moins d'énergie que le rayon brisé se porte avec plus ou moins d'activité vers le prolongement de la cathète d'obliquité, ce qui prouverait que dans le mécanisme de la réfraction, la réaction du pouvoir qui contraint le rayon à changer de direction, au-lieu de répondre à l'action du mouvement perpendiculaire comme dans la réflexion, est opposé au contraire au mouvement parallèle. L'autre vîtesse, égale au cosinus de cette même obliquité, est perpendiculaire; et, loin de donner au rayon plus de facilité pour se porter dans une direction semblable à la sienne, elle paraît avoir d'autant moins d'influence qu'elle a plus d'intensité.

A l'égard du rayon incident S *m* (*fig.* 12), s'il quitte le plan perpendiculaire, la difficulté qu'il éprouve pour y revenir pendant la réfraction, sera toujours égale à l'obliquité qui l'éloigne de ce plan lors de son incidence; car ici ce n'est plus parce que la nature de la réfraction doit rapprocher le rayon de la perpendiculaire, que celui-ci se portera vers elle; mais parce que, à cause de l'obliquité suivant l'axe, il tend à se réfracter dans le plan même qui se trouve à la hauteur de cette perpendiculaire; en sorte que si, dans le cas précédent, la faculté de se mouvoir vers la perpendiculaire est en raison directe des sinus ou de la vîtesse parallèle, ici la proposition change, et cette faculté se trouve en raison inverse des mêmes sinus, ou plutôt en raison directe des co-sinus ou de la vîtesse perpendiculaire.

Il existe une autre différence, c'est que la quantité de déviation qui peut résulter de cette nouvelle puissance, n'a plus de rapport avec la densité, ou, si l'on veut, la vertu attractive des milieux : le rayon n'est plus qu'un mobile ordinaire obéissant aux lois du mouvement composé; d'où il suit nécessairement que pour deux rayons qui déclinent différemment du plan perpendiculaire, la différence d'énergie de la puissance qui les éloignera de ce plan, lorsqu'ils pénétreront le nouveau milieu, sera égale à toute la différence des sinus de leur déclinaison.

Il faut observer néanmoins que la proposition n'est rigoureusement vraie que pour des rayons dont l'obliquité à l'axe du prisme serait infiniment petite : car une obliquité sensible favoriserait d'autant plus le mouvement perpendiculaire, que le pouvoir réfringent qui a rapport à cette obliquité s'efforcerait de plier le rayon dans le plan perpendiculaire vers lequel il tend déjà naturellement : ce qui explique suffisamment l'ascension de l'image lorsque l'obliquité du faisceau selon la longueur du prisme augmente.

Cela posé, je remarque que dans le cône ou faisceau introduit dans la chambre obscure, et auquel on oppose un prisme, excepté les rayons qui se trouvent dans la limite du plus grand des diamètres de la figure elliptique tracée sur le premier côté, tous les autres ont les deux genres d'obliquité, puisqu'ils sont tous inclinés à leur axe, que je suppose perpendiculaire sur l'axe du prisme. Ainsi, indépendamment de la réfraction ordinaire, les rayons sont soumis à une nouvelle condition, qui détermine leur tendance réciproque vers la perpendiculaire, suivant le rapport de leur déclinaison pendant l'incidence.

Les rayons extrêmes, ceux qui formeront les extrémités de la longueur de l'image, et qui commencent les premiers à décliner du plan perpendiculaire dans lequel doit avoir lieu, ou tenter d'avoir lieu la réfraction relative à l'obliquité des rayons sur l'axe du prisme, peuvent être considérés comme ayant une obliquité infiniment petite, et la direction imprimée au point d'incidence par leur tendance vers le plan perpendiculaire, sera toujours une moyenne proportionnelle entre les deux vîtesses parallèle et perpendiculaire (quel que soit leur effet).

Tout ce qui nous est essentiel, c'est de connaître seulement l'effet relatif produit sur les rayons extrêmes réfractés. Or, nous avons établi précédemment qu'ils doivent conserver dans le nouveau milieu l'intégrité de leur différence d'obliquité, et que le rayon le moins oblique aura sur l'autre rayon l'avantage d'un degré d'activité égal à la quantité de cette différence. Ainsi, pour trouver la véritable divergence des rayons réfractés, il suffira de retrancher de l'angle de réfraction de rayon le moins oblique la différence de déclinaison des deux rayons de la cathète d'obliquité.

Soit un prisme dont l'angle réfringent est de 64°, comme celui de la troisième expérience; soit l'image stationnaire entre ses deux mouvemens d'ascension : c'est alors que suivant les lois ordinaires, les sommes des réfractions seraient égales à l'incidence et à l'émergence, et que l'angle de réfraction de l'axe du faisceau solaire serait égal à un demi-angle réfringent (32°). L'angle d'incidence d'un pareil rayon, à cause des rapports 17.11 entre les sinus d'incidence et de réfraction, est 54° 59′.

Supposons qu'au-lieu du rayon du centre de la pyramide lumineuse, c'est le rayon extrême le plus oblique qui fait cet angle de 54° 59′, et dont le rayon brisé se trouve parallèle à la base du prisme qui est isocèle.

L'autre rayon extrême qui diverge de 30′, aura pour angle d'incidence 54° 29′, et suivant la réfraction ordinaire, celle dont on a seulement tenu compte jusqu'alors, son angle de réfraction serait 31° 47′; mais si, d'après le principe établi précédemment, on retranche 30′ pour la différence de déclinaison de ce rayon au plan perpendiculaire dans lequel son obliquité sur l'axe du prisme tend à le faire réfracter, on aura pour l'angle de réfraction relatif du rayon le moins oblique 31° 17′, et pour l'inclinaison réciproque des deux rayons réfractés une première fois, 43′, résultat de l'action simultanée des deux puissances différentes auxquelles ils se sont trouvés soumis à leur entrée dans le verre.

Quant aux rayons qui repassent dans l'air, la proposition qui regarde la nouvelle espèce d'obliquité ne change pas de nature; mais au-lieu d'augmenter l'angle rompu, comme dans le passage de l'air dans le verre, la tendance du rayon vers le plan perpendiculaire diminue cet angle en même-temps que l'angle de réfraction du rayon le moins oblique, à cause de la densité inférieure du nouveau milieu, circonstance qui fait écarter le rayon de la normale au point d'incidence. Il n'en faudra pas moins retrancher de l'angle de réfraction du rayon le moins oblique la différence de déclinaison qui se trouve ici de 43′, pour avoir la divergence respective des deux rayons soumis aux deux causes que nous examinons.

Ainsi, le rayon le moins oblique sur la deuxième surface du prisme est celui qui a 32° pour angle d'incidence, son angle de réfraction devrait être 54° 59′; mais à cause de la différence 43′, il n'est que de 54° 16′.

L'autre rayon, dont l'angle d'incidence est 32° 43′, aura pour angle de réfraction 56° 39′: c'est pourquoi l'inclinaison réciproque des deux rayons à leur émergence sera 2° 23′.

Cet angle s'adapte parfaitement à la mesure de l'image donnée par Newton; car 10 pouces ¼ sur le pied anglais correspondent à 9 pouces 7 lignes ⅓ du pied français, et la sous-tendante d'un angle de 2° 23′ à 18 pieds ½, est 9 pouces 3 lignes. La différence si petite des 4 lignes qui se trouvent de plus dans les dimensions observées par l'auteur, disparaît nécessairement dans les 8 lignes que gagne le faisceau par ses deux obliquités sur les deux surfaces du prisme, comme nous l'avons démontré à l'occasion de la sixième expérience.

L'image doit augmenter lorsque les rayons sont moins obliques à la première surface, ou mieux quand ils sont le plus oblique possible à la seconde surface, parce que la différence entre les sinus n'étant pas la même (comme je l'ai déjà dit) pour toutes les inclinaisons, et les sinus des premiers angles croissant dans une proportion plus considérable que ceux des plus grands angles, la différence entre l'expression logarithmique des sinus diminue, tandis que celle des logarithmes des nombres 11 et 17 reste la même : cette dernière, qu'il faut retrancher ou ajouter aux sinus des angles d'incidence, suivant que les rayons passent dans le verre ou dans l'air, rend beaucoup plus considérable la divergence des deux rayons extrêmes.

Pour le démontrer, soit, par exemple, 40° l'angle d'incidence du rayon le moins oblique sur la première surface du même prisme, en ne considérant d'abord que la réfraction ordinaire, l'angle de réfraction de ce rayon sera 24° 35′.

Le second rayon, dont l'angle d'incidence doit être 40° 30′, aura pour angle de réfraction 24° 51′, d'où il résulte qu'indépendamment de la différence produite par l'obliquité sur l'axe du prisme, l'inclinaison réciproque des deux rayons extrêmes réfractés une première fois, serait, dans cette occasion, de 16′ : elle n'était que de 13′ dans le premier cas.

Si l'on retranche de l'angle de réfraction, 24° 35′ du rayon le moins oblique, 30′ pour la tendance vers le plan perpendiculaire, l'inclinaison réciproque devient 46′.

L'angle d'incidence de ces rayons sur la seconde surface sera pour l'un 39° 55', et pour l'autre 39° 9'; leurs angles de réfraction correspondraient, suivant la loi ordinaire, à 82° 36' et 77° 31'; et si l'on retranche de 77° 31', les 46' de différence d'obliquité sur l'axe du prisme, la divergence des rayons, lorsqu'ils sortent du prisme, est alors de 5° 51'.

La sous-tendante d'un pareil angle à 18 pieds ½, est de 22 pouces 9 lignes, ce qui s'accorde encore avec la mesure de près de deux pieds, dont j'ai parlé à l'occasion de la troisième expérience, et que j'ai observée effectivement lorsque les rayons émergeaient le plus obliquement possible de la seconde surface du prisme (toutes les couleurs se trouvant encore entières dans l'image). Cet accroissement prodigieux est sans doute un peu loin du calcul de l'auteur anglais, qui ne l'évaluait qu'à deux pouces; mais il est facile de se convaincre de la certitude de l'assertion que m'a suggérée l'expérience.

Enfin, je suppose que les rayons incidens sont très-obliques sur la première surface du prisme, et que l'angle d'incidence de l'un des deux extrêmes est 84°, celui de l'autre 84° 30'. En suivant la même marche, je trouve l'inclinaison réciproque des rayons à leur émergence de 1° 31', dont la sous-tendante à 18 pieds et demi est de 70 lignes ou près de 6 pouces. Ce nouveau calcul cadre encore exactement avec les résultats de mes observations, puisque j'ai vu le spectre diminué de près de 4 pouces lorsque le faisceau tombait le plus obliquement sur la première surface du prisme; j'ai fait mention de cette diminution dans l'énoncé des détails relatifs à la troisième expérience newtonienne.

Il me reste encore deux observations à faire : la première concerne la forme arquée que paraissent avoir les objets fort étendus, lorsqu'on les regarde avec un prisme. J'ai dit que la courbure augmentait lorsque les rayons devenaient moins obliques sur la surface de l'incidence : cela doit être, puisque la réfraction qui tend à s'effectuer dans le plan perpendiculaire, et qui résulte de l'obliquité sur l'axe du prisme, est d'autant moins contrariée, que la déclinaison est moins considérable.

La seconde observation regarde la différence des deux mouvemens d'ascension de l'image. Il est également évident que, si la diminution d'obliquité des rayons sur la première surface augmente le brisement du trait solaire, l'image doit monter beaucoup plus rapidement dans cette circonstance, que lorsque le faisceau se trouve plus incliné à cette même surface.

CONCLUSION.

Tous nos jugemens sur les objets qui tombent sous nos sens, ne sont que des comparaisons des rapports établis entre les différentes manières dont ils les affectent : un même corps étant susceptible de se trouver dans différentes situations, sous différentes formes, sous différens volumes, nous avons dans l'expérience de nos sens des moyens de l'envisager sous les différens points de vue sous lesquels il se présente, et selon différens degrés dont notre âme peut comprendre l'échelle. Nous jugeons que le son est plus ou moins intense, plus ou moins aigu, plus ou moins grave, selon l'impression qu'en ressent le nerf auditif*. L'odorat, le toucher,

*. La lumière subit deux genres de modification : l'un est celui qui produit une plus ou moins grande intensité seulement ; l'autre est celui qui donne naissance aux couleurs. Ainsi, la comparaison que j'établis ici entre les affections qui résultent de la lumière et celles du son, me paraît conséquente, en ce que c'est toujours le même milieu qui transmet jusqu'aux fibres du nerf auditif le choc et les vibrations du corps sonore, et que pourtant il suffit à la distinction de l'intensité, comme à celle du ton. Il est vrai que M. de Mairan destine à la translation de chaque ton une suite de globules appropriés au degré qu'il occupe dans l'échelle musicale, et que les globules sans lesquels ne peuvent résonner ou la tierce ou la quinte, sont bien différens de ceux qui affectent l'organe à la quarte ou l'octave ; mais ce système, tout ingénieux qu'il a pu paraître, ne repose que sur la difficulté d'expliquer comment un même milieu pouvait servir sans confusion de véhi-

le goût, nous mettent à même de faire une foule de distinctions de ce genre; pourquoi le sens le plus délicat serait-il seul exempt de la loi commune? pourquoi n'aurait-il pas reçu de la main du Créateur cette aptitude à discerner les différentes modifications de la lumière?

Si la longueur de l'image n'a point d'autre cause que celle que j'ai tâché d'établir; si les rayons ne possèdent pas en eux-mêmes des facultés particulières qui les distinguent les uns des autres, lorsqu'ils seront soumis à la réfraction, et si forcés d'obéir à une même loi, leur déviation ne diffère qu'en raison des circonstances qui nécessitent une application différente de cette règle générale, je ne vois pas ce qui pourrait nous faire douter que la nature de ces rayons fût homogène. On sera sans

---

cule à différens sons à-la-fois; et ce milieu, dans l'esprit de bien des gens, n'est que l'air grossier dont les divisions ne sont pas assez rapides et indépendantes pour se prêter à une explication plausible. Il n'y a qu'un fluide dont les molécules incohérentes puissent se dégager sans la moindre peine des parties crasses de l'atmosphère, et se disposer en files aussi déliées que le sont des rayons de lumière qui puissent suffire à tous les mouvemens distincts simultanés qui parviennent à l'ouïe; et quant à la question qui pourrait tomber sur les fonctions des fibres de l'organe, si l'on fait attention que deux sons différens ne peuvent partir d'un même point de l'espace, le problème est à moitié résolu, sans admettre, comme l'a fait le célèbre Bonnet, une structure différente pour les fibres destinées à différens tons. Je n'entrerai pas ici dans de plus grands détails; c'est une matière différente qui demande une occupation particulière.

doute étonné de voir agiter encore cette grande question, si long-temps débattue, et que le génie même d'un Descartes n'a pu faire prévaloir; cependant on le sera moins, lorsqu'on reconnaîtra que ceux qui s'étaient chargés de la défendre se sont trop abandonnés à la fougue de leur imagination. Au-lieu d'observer la nature, au-lieu de descendre jusqu'à l'investigation des moindres faits, ils ont voulu la deviner : est-il donc surprenant que la plupart de ses secrets leur soient échappés. Quant au système de Newton, j'oserais presque assurer qu'un observateur impartial et attentif le trouverait moins ingénieux que celui de Descartes. Si l'opinion de l'hétérogénéité prévalut cependant, c'est que le philosophe anglais semble avoir suivi la méthode plus régulière de l'analyse, en ce que plusieurs expériences qu'il s'efforce d'expliquer, sont censées l'avoir conduit à son hypothèse. Mais il est facile d'entrevoir que la prévention de cette dernière a dirigé l'expérience et le raisonnement du physicien. En vain chercherait-on une démonstration dans le système que j'attaque; on n'y trouverait qu'une hypothèse suggérée par l'impuissance, par la difficulté de rendre raison des circonstances les plus frappantes d'un principal phénomène. Je doute qu'on puisse en effet trouver d'autre fondement à l'ouvrage : je doute qu'on puisse interpréter différemment ces paroles, tirées de la deuxième proposition à l'occasion de la troisième expérience. « Suivant les lois connues de la » dioptrique, il n'était pourtant pas possible qu'ils » (les rayons extrêmes) fussent si fort inclinés l'un » à l'autre ». Du défaut, peut-être, de l'observation, naquit un pareil principe, et de l'induction la plus conséquente et en même-temps la plus nécessaire, naquit aussi la conclusion qu'on en tire. Mais un fait isolé n'établissait pas un paradoxe, pour lequel l'esprit paraissait éprouver quelque répugnance. Toutes les autres expériences, ingénieusement rapprochées, offraient un concours indispensable; elles se prêtaient un mutuel secours, suffisant en apparence pour affaiblir les scrupules de la raison mal informée; mais aucune d'elles, mais toutes ensemble ne forment pas une démonstration; elles donnaient seulement par leur nombre plus de force au préjugé.

C'est, en vérité, supposer bien peu de concision et d'économie dans les ressources de la nature, que de croire nécessaire l'existence de ces prétendus rayons différemment réfrangibles, pour rendre compte de toutes ces couleurs qui affectent continuellement l'organe de la vue; et quand il ne devrait pas paraître étrange que cette variété ne fût essentiellement et exclusivement instituée que pour diminuer la monotonie qu'une seule teinte ferait naître, ne doit-il pas répugner à tout homme qui raisonne d'admettre cette multiplicité d'élémens à-peu-près inutiles? Car on peut, si l'on veut, comprendre sous le nom générique de lumière, ces innombrables rayons colorifiques, comme on les appelle; s'ils ont une même nature, ils ne sont donc pas hétérogènes; s'ils sont hétérogènes, ils n'ont donc pas même nature. Une telle profusion de causes, dont chacune n'aurait qu'un seul effet, sans autre but qu'une simple distraction, ne serait-elle pas la chose du monde la plus absurde?

Une opinion que M. Nollet crut qu'il serait possible de rattacher à l'hypothèse des rayons différemment réfrangibles, sans cependant y déroger, c'est celle du célèbre Descartes, qui, n'admettant pas l'hétérogénéité, suppose que les globules de lumière, soumis d'abord à l'impulsion qui les transporte du corps lumineux jusqu'à nous, ont encore un mouvement particulier de tournoiement sur leur propre centre, et que ces deux mouvemens combinés et variés à l'infini par le plus ou le moins de vitesse et de masse, produisent les différentes impressions des couleurs. Mais cette combinaison de mouvement n'est démontrée par aucune raison physique. Il s'ensuivrait d'ailleurs que d'un moment à l'autre les couleurs changeraient dans le spectre, et que cette variation serait si prompte, qu'il nous serait impossible d'en saisir aucune, puisque nous ne pouvons pas raisonnablement supposer que ces globules, si différens par leur masse et leur vîtesse, ne seraient pas susceptibles de tomber alternativement, ou plutôt confusément au même endroit. Encore je ne vois pas comment on prétendrait concilier les deux systêmes; car, en admettant que ce qui produit cette variété dans la lumière, ce qui constitue la différence des couleurs, ne serait que cette combinaison de mouvement, dont tel ou tel ordre de globules serait susceptible, à raison du plus ou moins de masse ou de ressort, devrait-on reconnaître que tous ces rayons, composés chacun de globules différens, mus avec des vîtesses inégales, formeront toujours par leur réunion le rayon solaire qui, dit-on, les contient tous? Ainsi, quelle que soit la masse des globules qui compose chaque rayon, quelle que soit leur vîtesse respective, ni les uns ni les autres ne seront distingués, et ils parcourront l'espace étroitement unis!

Au reste, la neuvième expérience qui teint en violet des rayons destinés par une première réfraction à former du rouge, prouve l'homogénéité des rayons, et met au rang des chimères les différentes formes d'atômes lumineux appropriés exclusivement à des fonctions particulières. L'impossibilité absolue de prouver l'existence des cercles qui devraient renfermer les couleurs si la lumière était composée de rayons différemment réfrangibles, élève sur le peu de fondemens de cette proposition, des doutes que la cinquième expérience change ensuite en certitude, puisqu'en faisant voir l'image étendue dans le sens de la largeur par une réfraction latérale, elle prouve que la longueur du spectre ne peut être attribuée qu'à la dilatation du faisceau dans le sens des perpendiculaires aux arrêtes du prisme. Cette dilatation du trait solaire n'est point uniforme ; elle paraît varier sensiblement d'une extrémité à l'autre de la hauteur de l'image ; les rayons qui produisent la sensation du rouge sont beaucoup moins divergens entre eux que ceux qui font naître le violet ; et les couleurs paraissent d'autant plus inhérentes à la proportion de divergence de leurs rayons respectifs, que dans la neuvième expérience, la commutation de cette divergence a transformé en d'autres couleurs des nuances déjà préparées.

Le père Grimaldi et le père Charles pensaient que les différentes couleurs procédaient de la réfraction ou condensation de la lumière, et M. Mariette leur opposait qu'un rayon rouge pris à 200 pieds, est plus dilaté qu'un rayon violet pris à 6 pieds.

Cette objection ne saurait avoir trait à mon opinion, car je fais une distinction entre dilatation et divergence ; ainsi, par exemple, je dis que la longueur de l'image est produite par la dilatation du faisceau, mais que les différentes apparences de couleurs sont l'effet de différentes divergences ; et des rayons rouges n'ont pas moins, à 200 pieds, la même divergence qu'ils avaient à 6 : la différence qui existe à cet égard avec les rayons violets pris à 6 pieds, n'a pas changé dans l'énorme intervalle de 200 pieds, au bout duquel on reçoit les rayons rouges. Cela n'empêche pas néanmoins de pouvoir conclure que la couleur rouge est proportionnellement composée d'une lumière plus dense que celle de la couleur violette.

Voici par exemple une autre objection qui pourrait paraître embarrassante : dans tous les mouvemens du prisme, les rayons compris dans la pyramide lumineuse sont assurément susceptibles d'obtenir successivement les mêmes angles d'incidence et par conséquent les mêmes réfractions, c'est-à-dire que le rayon extrême, destiné à projeter au bord de la couleur violette, peut arriver à une incidence semblable à celle qu'aura quelquefois obtenue le rouge extrême. Il semble donc naturel alors que le premier produise du rouge.

Comme je crois que les rayons sont homogènes de leur nature, je ne pense donc pas qu'un seul rayon soit propre à faire naître la sensation de telle couleur plutôt que celle de telle autre, parce qu'il obtient telle ou telle déviation. Je ne sais pas ce qu'un pareil rayon serait sans le concours des autres, et je ne conçois bien ce qu'il peut devenir, qu'en raison du rapport qu'il soutient avec ses voisins. Ainsi, je considère l'illusion qui décore par nos yeux les objets de leurs couleurs accidentelles, non comme la somme de plusieurs actions individuelles, mais comme le résultat de la proportion harmonique de plusieurs actions simultanées.

Lorsque ce rayon qui tombe à la partie extrême violette se trouvera dans le cas du rayon rouge, le rayon qui le suit immédiatement n'aura pas une obliquité analogue à celle du rayon qui suit le rouge; car il faut se rappeler que l'extrême violet est le moins oblique de tous sur la première surface du prisme, et que le rayon rouge est le plus oblique, de manière que le rayon qui doit suivre le premier violet est plus oblique que lui, tandis que celui qui avoisine le premier rouge est moins incliné.

Cette dernière considération nous fait entrevoir cependant la possibilité que ces rayons parviennent à échanger réciproquement leur teinte, comme il a lieu dans la neuvième expérience, mais de manière seulement que le rouge ne puisse faire d'échange qu'avec le violet, l'orangé avec l'indigo, le bleu avec le jaune. Car la proportion d'obliquité d'incidence des rayons étant inverse dans ces couleurs ainsi comparées, toute opération qui parviendrait à renverser ces proportions, parviendrait aussi à échanger les couleurs. Or, c'est précisément ce que la réflexion des rayons sur la seconde surface du prisme doit nécessairement effectuer.

La question de l'homogénéité des rayons serait bientôt décidée, si celle qui regarde la longueur du spectre venait à l'être.

J'ai démontré ce qui arriverait si l'obliquité du rayon, suivant l'axe du prisme, devait être comptée pour quelque chose. J'ai présenté des faits qui semblent nous devoir faire prendre, à cet égard, l'affirmative. J'ai en quelque sorte constaté, dans l'inclinaison de l'image de la cinquième expérience, l'identité d'un caractère qui s'observe au moyen d'un seul prisme, en inclinant son axe aux rayons. L'ascension et l'extension de l'image, qui accompagnent alors cette circonstance, sont encore des traits saillans qui m'ont paru susceptibles d'être attribués à ce nouveau genre d'obliquité des rayons, sur la surface réfringente; et si ce n'était pas faire une pétition de principe, je trouverais, dans la solution si simple des deux arcs, dont l'un est vu par réflexion, l'autre par réfraction, une nouvelle raison d'admettre l'influence d'une cause négligée jusqu'alors.

Enfin, sans seulement parler des faits qui contrarient le principe de la différente réfrangibilité, tels que les changemens de la longueur du spectre, la position des franges colorées sur les corps vus par réfraction, etc.; l'accord parfait de l'observation et du calcul touchant les différentes dimensions auxquelles l'émergence plus ou moins oblique des rayons paraît donner naissance, voilà sans doute encore un motif plausible de s'arrêter à une opinion qui me semble satisfaire naturellement à toutes les données du problême.

FIN DE LA PREMIÈRE PARTIE.

ERRATA.

Page *vij*, ligne	6,	effectivement, *lisez :* véritablement.
xix,	17,	les soutenir, *lisez :* le soutenir.
xxiv,	14,	rapproché, *lisez :* approché.
57,	12,	par tous les cas, *lisez :* pour tous les cas.
71,	19,	sinus I, *lisez :* sinus *r*.
72,	2,	sinus *r*, *lisez :* sinus *r'*.
80,	26,	soit X V, *lisez :* soit X Y.

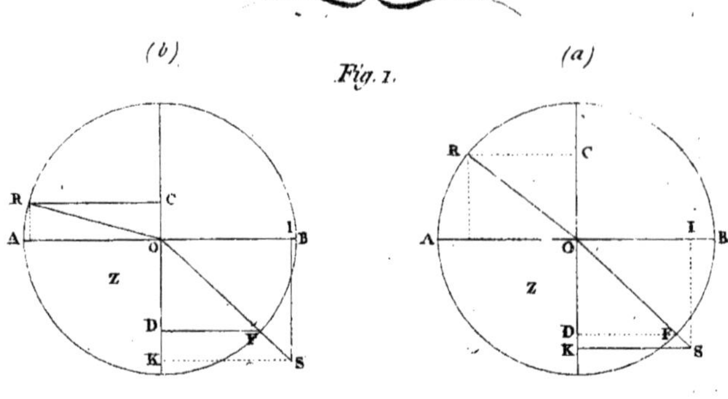

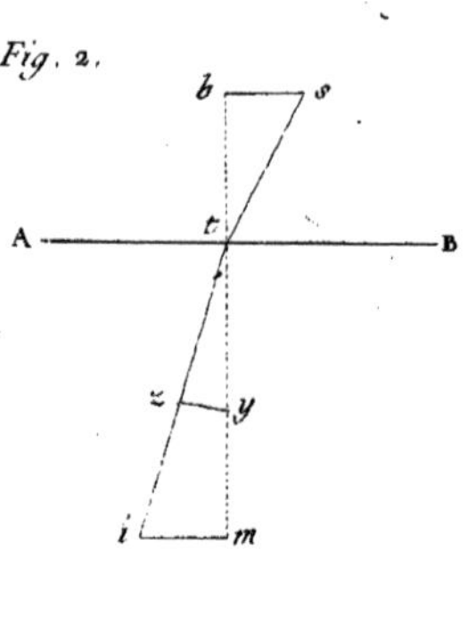

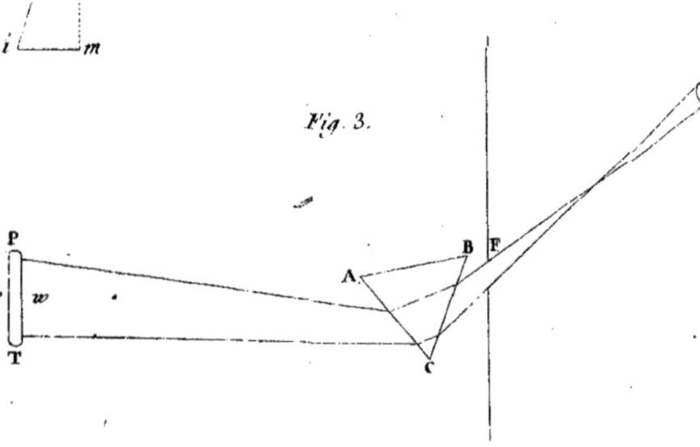

E. J. Thierry sculp. Rue des Cimetière St André, N° 2.

Pl. II.

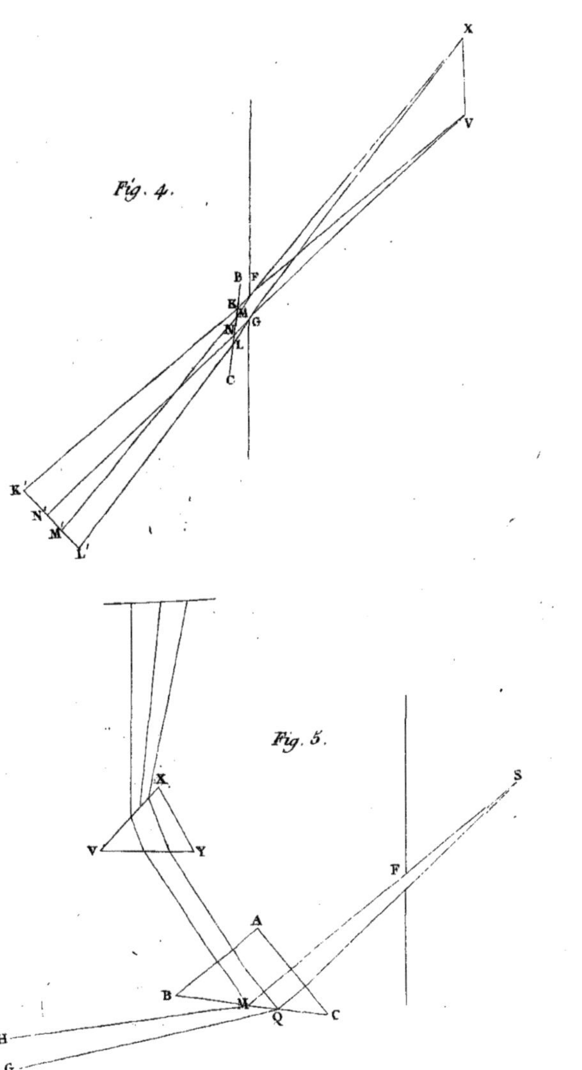

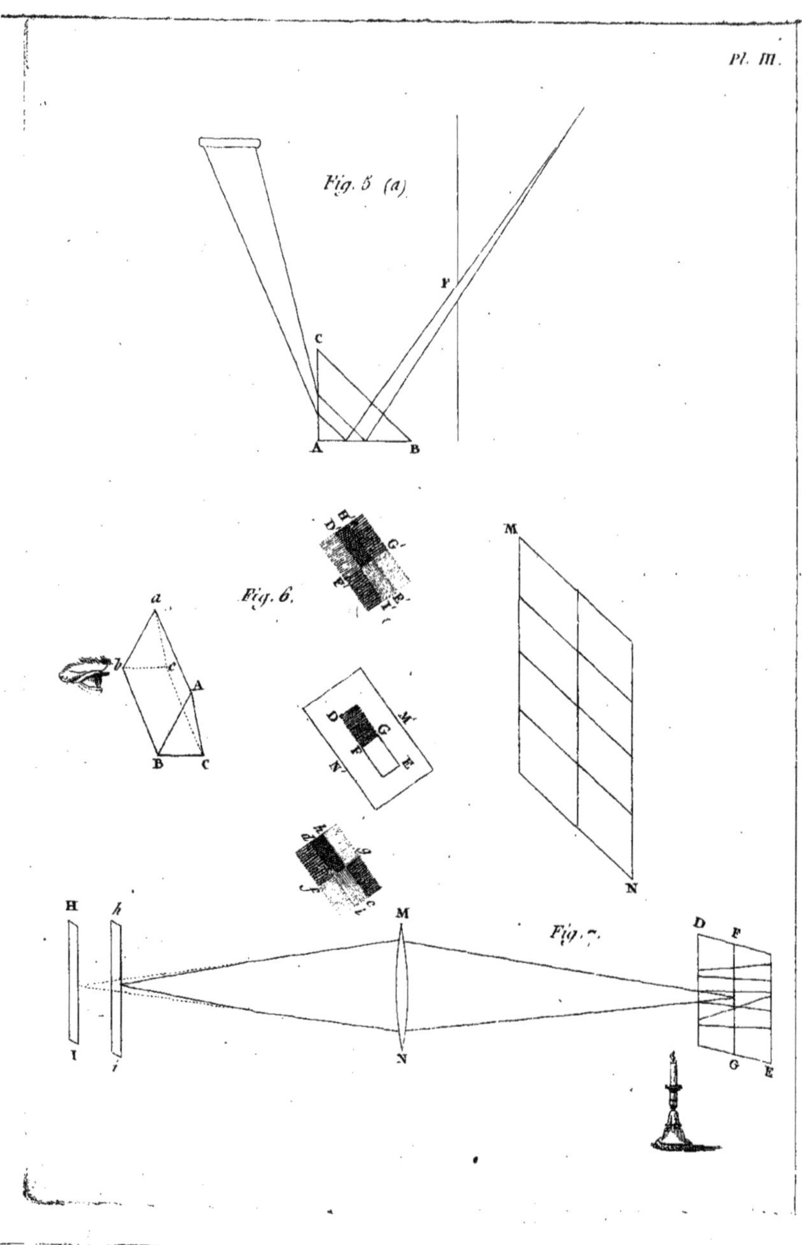
Fig. 5 (a)
Fig. 6.
Fig. 7.

Pl. IV.

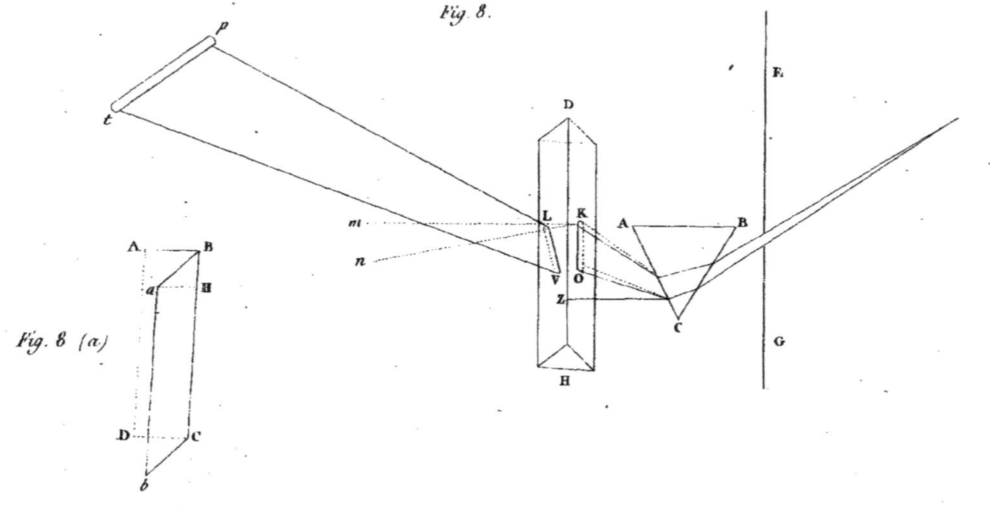

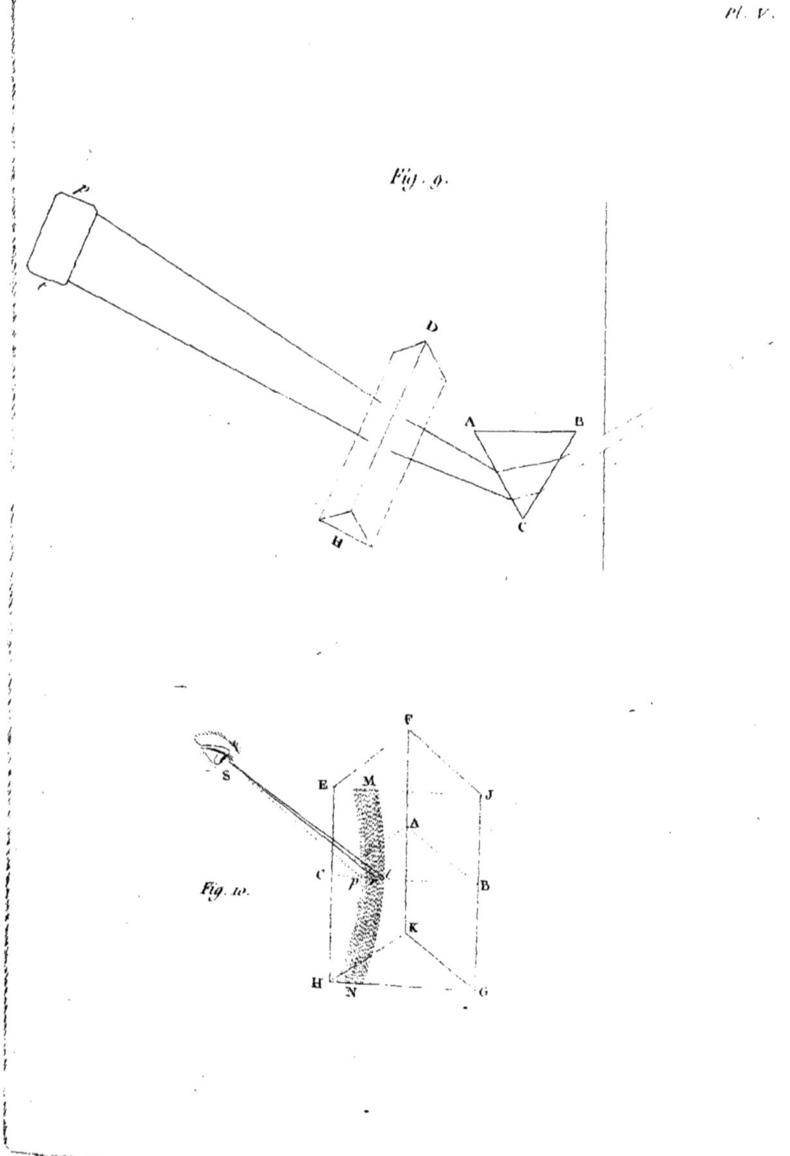
Fig. 9.
P
D
A
B
C
H
F
E
M
J
S
Δ
C
p
l
B
K
H
N
G
Fig. 10.

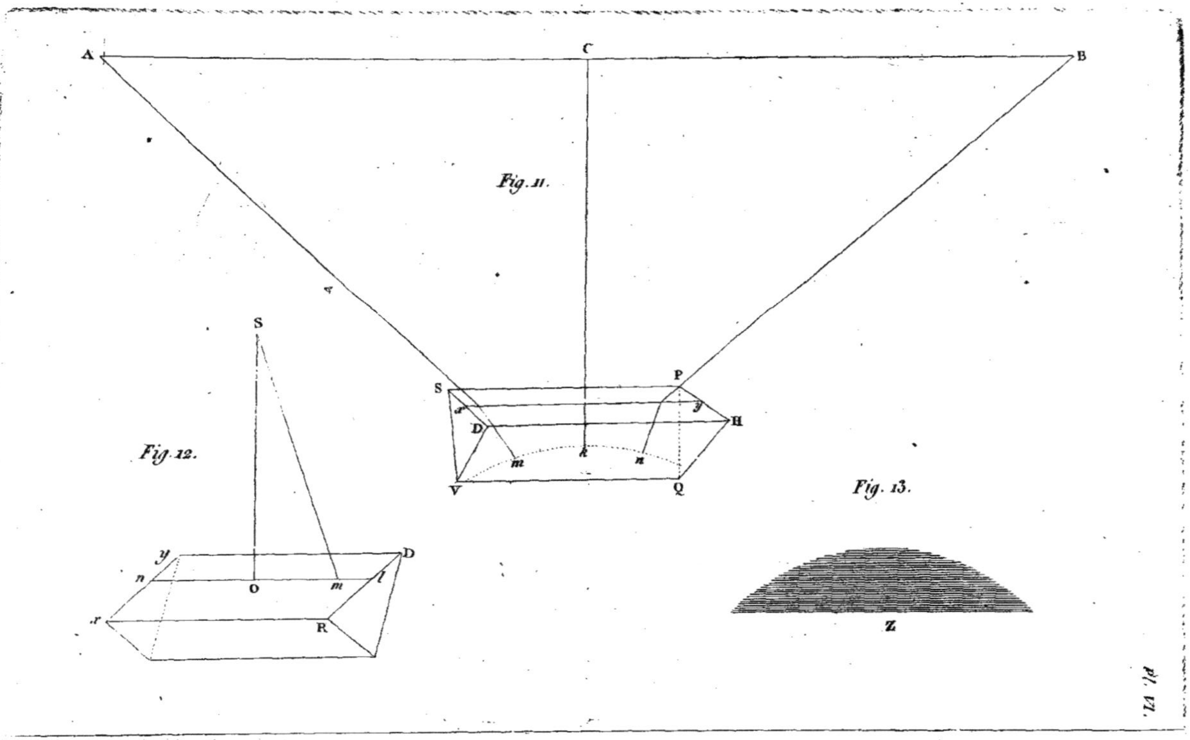

Pl. VI.

Fig. 11.

Fig. 12.

Fig. 13.

www.ingramcontent.com/pod-product-compliance
Ingram Content Group UK Ltd.
Pitfield, Milton Keynes, MK11 3LW, UK
UKHW020141200726
13856UKWH00003B/788

9 782013 567411